U0665125

普通高等教育"十二五"重点规划教材 计算机基础教育系列

Visual FoxPro 数据库应用技术实验与习题解答

韩 雪 孙治军 宋晓明 主编

科学出版社

北京

内 容 简 介

本书是《Visual FoxPro 数据库应用技术教程》的配套教材。全书包括实验篇和考试篇两部分。实验篇共分 10 章，每章与主教材相对应，按照课堂教学内容和全国计算机等级考试上机考试题型精心设计实例，并对上机操作步骤做了详细说明，强调理论与实践相结合，重视应用能力的培养。考试篇主要针对全国计算机等级考试笔试而设置，归纳了 2004～2015 年全国计算机等级考试二级 Visual FoxPro 数据库程序设计笔试的真题，并做了详细的解析，以帮助学生加深对知识点的理解。

本书内容符合全国计算机等级考试二级 Visual FoxPro 数据库程序设计考试大纲要求，重点突出，实例丰富，可作为高等学校非计算机专业 Visual FoxPro 程序设计语言课的辅导教材，也可作为全国计算机等级考试二级 Visual FoxPro 考试的复习用书。

图书在版编目（CIP）数据

Visual FoxPro 数据库应用技术实验与习题解答/韩雪，孙治军，宋晓明主编. 一北京：科学出版社，2015

（普通高等教育"十二五"重点规划教材　计算机基础教育系列）

ISBN 978-7-03-045190-3

Ⅰ. ①V… Ⅱ. ①韩… ②孙… ③宋… Ⅲ. ①关系数据库系统–高等学校–教学参考资料 Ⅳ. ①TP311.138

中国版本图书馆 CIP 数据核字（2015）第 156711 号

责任编辑：宋　丽　袁星星／责任校对：王万红
责任印制：吕春珉／封面设计：东方人华平面设计部

科学出版社 出版

北京东黄城根北街 16 号
邮政编码：100717
http://www.sciencep.com

铭浩彩色印装有限公司印刷

科学出版社发行　　各地新华书店经销

*

2015 年 7 月第 一 版　　开本：787×1092　1/16
2017 年 1 月第四次印刷　　印张：13 1/4
字数：308 000

定价：26.00 元

（如有印装质量问题，我社负责调换〈骏杰〉）
销售部电话 010-62134988　编辑部电话 010-62135763-2015

版权所有，侵权必究

举报电话：010-64030229；010-64034315；13501151303

本书编写人员

主　编　韩　雪　孙治军　宋晓明

副主编　崔盛文　董　雯　陆　竞　蔡洪涛

参　编　马延周　李丽萍　张　宇　张　娜

前　言

Visual FoxPro 6.0 关系数据库系统是新一代小型数据库管理系统的杰出代表，因其具有操作界面友好、功能强大、辅助开发工具丰富、语言简练、简单易学、兼容性完备、便于快速开发应用系统等特点，深受广大用户的欢迎。Visual FoxPro 6.0 采用可视化、面向对象的程序设计方法，大大简化了应用系统的开发过程。

2007 年，我们结合教学实践和数据库应用系统开发经验，编写了本书的初稿。近年来，得到许多使用者的厚爱。根据教育部高等学校非计算机专业计算机基础课程教学指导委员会最新提出的《关于进一步加强高等学校计算机基础教学的意见》中有关"大学计算机程序设计"类课程的教学要求，兼顾教育部考试中心制定的全国计算机等级考试二级 Visual FoxPro 考试大纲，综合广大读者的反馈信息，对原稿从以下几个方面进行了修订。

（1）降低了实验篇中部分实验的难度，丰富了实验内容，增加了学生感兴趣的实验，增加了综合应用练习题，以培养学生分析问题、解决问题的能力。

（2）考试篇增加了 2009～2015 年全国计算机等级考试二级 Visual FoxPro 数据库程序设计笔试的真题及解析，重新调整了各章试题的顺序，更新了部分试题。

（3）新增加了一个附录，即 2014 年 3 月全国计算机等级考试二级 Visual FoxPro 机考试题及参考答案。

本书知识体系结构合理，内容深度适宜，突出应用。考虑到高校学生参加全国计算机等级考试的需要，本书内容覆盖了全国计算机等级考试大纲二级 Visual FoxPro 数据库程序设计规定的全部内容。全书包括实验篇和考试篇两部分。实验篇共 10 章，每章与主教材相对应，按照课堂教学内容和全国计算机等级考试上机考试题型精心设计实例，并对上机操作步骤做了详细说明，强调理论与实践相结合，重视应用能力的培养。除了验证性实验外，还设计了部分综合性实验。考试篇主要是针对全国计算机等级考试笔试而设置，共 10 章，每章包括知识要点、典型试题与解析、测试题、测试题答案四部分，其中知识要点罗列了全国计算机等级考试大纲要求的相关知识点；典型试题与解析归纳了 2004～2015 年全国计算机等级考试二级 Visual FoxPro 数据库程序设计笔试的真题，并对每一题做了详细的解析，给出解题思路和技巧，以帮助读者加深对知识点的理解；测试题供读者练习和测试。附录中给出了 2014 年 3 月全国计算机等级考试二级 Visual FoxPro 机考试题及参考答案。

本书是《Visual FoxPro 数据库应用技术教程》的配套教材，可作为高等学校非计算机专业 Visual FoxPro 程序设计语言课程的辅导教材，也可作为全国计算机等级考试二级 Visual FoxPro 的复习用书。

本书由韩雪、孙治军、宋晓明担任主编，负责整体结构设计，崔盛文、董雾、陆竞、马延周、李丽萍、张宇、张娜参与了本书的编写。由于编者水平有限，经验不够丰富，书中难免存在错误和不足之处，敬请广大读者批评指正。

编　者
2015 年 5 月

目　录

第1部分　实　验　篇

第 2 部分　考　试　篇

第 ① 部 分

实 验 篇

第 1 章 Visual FoxPro 6.0 系统概述

实验 Visual FoxPro 启动和退出

一、实验目的

（1）掌握 Visual FoxPro 的启动和退出。

（2）熟悉 Visual FoxPro 的系统开发环境。

（3）学会环境设置的方法。

二、实验内容及步骤

实验 1 启动 Visual FoxPro。

方法一：双击桌面上的 Visual FoxPro 快捷图标 。

方法二：单击"开始"按钮，选择"所有程序"→"Microsoft Visual FoxPro 6.0"→"Microsoft Visual FoxPro 6.0"命令。

启动 Visual FoxPro 后，出现如图 1-1 所示的界面，即 Visual FoxPro 的工作窗口。

【提示】第一次启动 Visual FoxPro 时，屏幕上会弹出欢迎窗口。如果不想在以后的启动过程中出现欢迎窗口，可选中"以后不再显示此屏"复选框。

实习 2 打开和关闭"查询设计器"工具栏。

选择"显示"→"工具栏"命令，弹出"工具栏"对话框，如图 1-2 所示，完成"查询设计器"工具栏的显示和关闭操作。

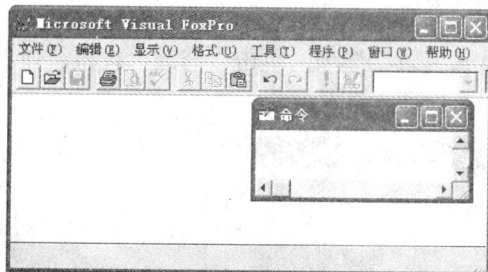

图 1-1 Visual FoxPro 主界面

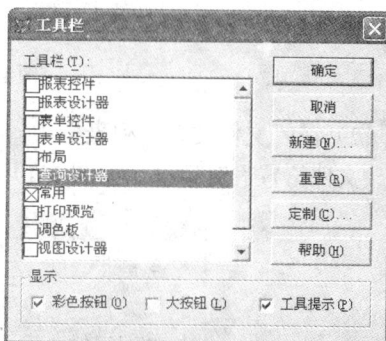

图 1-2 "工具栏"对话框

【提示】重复单击某工具栏名称，其左端标识为"☒"，表示被激活；其左端标识为空白框，表示被关闭。

【技巧】在 Visual FoxPro 主窗口工具栏的空白处单击鼠标右键，在弹出的"工具栏"快捷菜单中也可以完成工具栏的打开或关闭操作。

实验 3　关闭和显示命令窗口。

先将命令窗口关闭，然后选择"窗口"→"命令窗口"命令来显示命令窗口。

实验 4　设置默认目录。

在 D 盘创建以自己的学号命名的文件夹，将默认目录设置为"D:\自己的学号"。

方法一：使用命令设置默认目录。

在命令窗口中输入命令：SET DEFAULT TO D:\自己的学号。

【提示】使用 SET 命令设置默认目录，仅在本次 Visual FoxPro 运行期间有效，重新启动 Visual FoxPro 后，需要重新设置默认目录。

方法二：使用"选项"对话框设置默认目录。

（1）选择"工具"→"选项"命令，弹出"选项"对话框，单击"文件位置"选项卡，如图 1-3 所示。

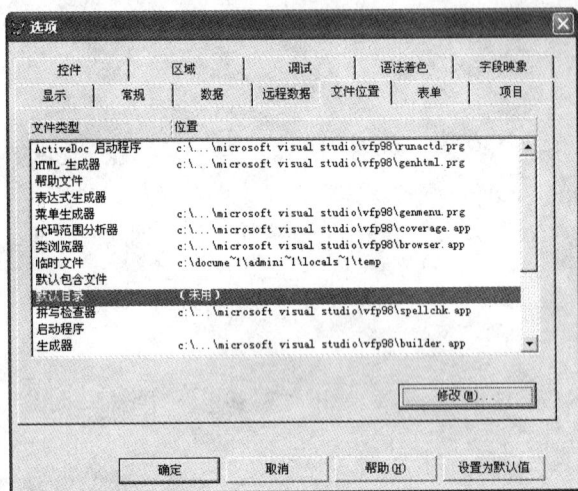

图 1-3　"选项"对话框

（2）在"文件类型"列表框中，选中"默认目录"选项，单击"修改"按钮，弹出"更改文件位置"对话框，如图 1-4 所示。

图 1-4　"更改文件位置"对话框

（3）选中"使用默认目录"复选框，在"定位（L）默认目录"下的文本框中输入默认目录，如"d:\11010001"，单击"确定"按钮，返回图 1-3 所示的"选项"对话框。

【提示】也可以单击文本框右侧的浏览按钮▣，在弹出的"选择目录"对话框中选择"d:\11010001"目录。

（4）在"选项"对话框中，单击"设置为默认值"按钮，然后单击"确定"按钮，将设置保存为 Visual FoxPro 的默认（永久）设置。

【提示】如果未单击"设置为默认值"按钮，而是直接单击"确定"按钮，则所做的设置仅在本次 Visual FoxPro 运行期间有效；重新启动 Visual FoxPro 后，要重新设置默认目录。

【提示】由于学生上课用的计算机都设置了写保护，所以重新启动计算机后，所做的设置将无效。每次重新启动计算机，都需要重新设置默认目录。

【思考】安装 Visual FoxPro 后，文件的默认目录是什么？

实验 5 设置日期格式。

（1）将 Visual FoxPro 的系统日期设置为"年月日"格式，年份用 4 位表示，分隔符用"-"。

【提示】在图 1-3 所示的"选项"对话框中单击"区域"选项卡，如图 1-5 所示，"日期格式"列表框选"年月日"；选中"日期分隔符"复选框，文本框中输入"-"；选中"年份"复选框。

（2）在命令窗口输入命令:?date()，按 Enter 键，查看工作区的显示结果。

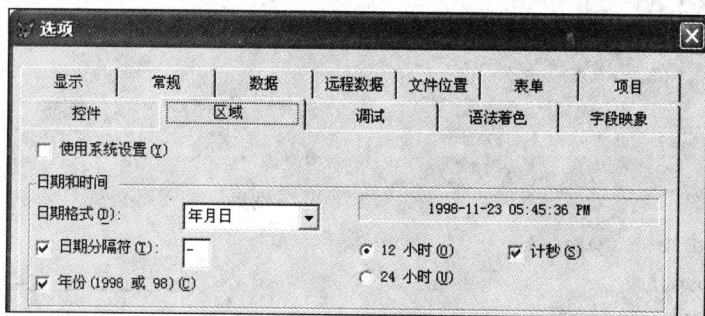

图 1-5 "区域"选项卡

实验 6 退出 Visual FoxPro。

退出 Visual FoxPro 常用以下方法。

方法一：单击标题栏最右端的"关闭"按钮▣。

方法二：单击"文件"菜单中的"退出"命令。

方法三：在命令窗口中输入命令：QUIT，然后按 Enter 键。

第 2 章　数据与数据运算

实验 2.1　变量的赋值和显示

一、实验目的

加深对变量的理解，熟练掌握变量的赋值及变量输出操作。

二、实验内容及步骤

实验 1　在命令窗口中输入如下命令，观察 Visual FoxPro 主窗口中的屏幕输出结果，将执行结果写在横线上。（注意每行命令以回车结束）

```
d={^2015-05-25}
?d                                    结果：_____
x=14
y="China"
z=.F.
?x,y,z                                结果：_____
??x
??y
??z                                   结果：_____
STORE 2.5 TO a, b, c
?a,b,c                                结果：_____
STORE "2.5" TO a, b, c
?a,b,c                                结果：_____
DIMENSION a1(5),a2(2,3)
?a1(1),a1(2)                          结果：_____
?a2(1,1),a2(2,1) ,a2(2,3)            结果：_____
a1(1)=1
a1(2)=2
a2(1,1)=[T]
a2(2,1)= '1'
?a1(1),a1(2),a1(3)                    结果：_____
?a2(1,1),a2(2,1) ,a2(2,3)            结果：_____
```

实验 2.2　表达式的使用

一、实验目的

熟悉 Visual FoxPro 的基本语法，掌握表达式的使用。

二、实验内容及步骤

实验 2　数值、字符和日期型表达式的使用

在命令窗口中输入如下命令，将执行结果写在横线上。（□表示空格）

```
?5+61/4*2                              结果：_____
?（5+61）/4*2                          结果：_____
?（5+61）/4**2                         结果：_____
?11%4, -11%-4                          结果：_____
?-11%4, 11%-4                          结果：_____
? 3^2                                  结果：_____
?"abc□"+"□□de"+"fg"                    结果：_____
?"abc□"-"□□de"+"fg"                    结果：_____
?'5'+'6'                               结果：_____
?DATE()-1, DATE()+1                    结果：_____
?DATETIME()-1                          结果：_____
?DATETIME()+1                          结果：_____
?{^2015/05/25}-{^2014/05/25}           结果：_____
?{^ 2015/05/25}+1                      结果：_____
```

实验 3　关系表达式的使用。

在命令窗口中输入如下命令，将执行结果写在横线上。

```
?55>55,55>=55                          结果：_____
?55=55                                 结果：_____
?"男">"女"                             结果：_____
?"ab"$"abc"                            结果：_____
?"ac"$"abc"                            结果：_____
?"abc"="ABC"                           结果：_____
?.T.>.F.                               结果：_____
?"abc"<>"ABC"                          结果：_____
?{^2015/05/25}<{^2014/05/25}           结果：_____
SET EXACT OFF
?"abc"="ab","ab"="abc"                 结果：_____
?"abc"=="ab","ab"=="abc"               结果：_____
?"abc"=="ab□"," ab□"==" abc "          结果：_____
```

?"考试成绩"=="考试"，"考试成绩"="考试"　结果：_____

SET EXACT ON

?"abc"="ab","ab"="abc"　　　　　结果：_____

?"abc"=="ab","ab"=="abc"　　　　结果：_____

?"abc"=="ab□"," ab□"==" abc "　结果：_____

?"考试成绩"=="考试"，"考试成绩"="考试"　结果：_____

实验 4　逻辑表达式的使用

在命令窗口中输入如下命令，将执行结果写在横线上。

?.NOT. 13>14　　　　　　　　结果：_____

?6>=7 .AND. 7>=6　　　　　　　结果：_____

?6>=7.OR. 7>=6　　　　　　　　结果：_____

?.NOT. 13>14 .AND. 15-4>5　　　结果：_____

实验 2.3　常用函数的使用

一、实验目的

理解计算机语言中函数的定义，掌握常用函数的使用方法。

二、实验内容及步骤

实验 5　数值型函数练习。

在命令窗口中输入如下命令，将执行结果写在横线上。

?ABS(15), ABS(-15)　　　　　　结果：_____

?SIGN(23), SIGN(-23)　　　　　结果：_____

?INT(123.956)　　　　　　　　　结果：_____

?INT(123.123)　　　　　　　　　结果：_____

?FLOOR(9.45)　　　　　　　　　结果：_____

?CEILING(9.45)　　　　　　　　结果：_____

?ROUND(123.456,2)　　　　　　　结果：_____

?ROUND(123.456,-2)　　　　　　结果：_____

?SQRT(121)　　　　　　　　　　结果：_____

?MOD(-12,-5), MOD(12,5)　　　　结果：_____

?MOD(-12,5), MOD(12,-5)　　　　结果：_____

?MAX(5,6,7)　　　　　　　　　　结果：_____

?MIN("A","B","C")　　　　　　　结果：_____

?MIN("男","女")　　　　　　　　结果：_____

?MAX(5,6,MIN(7,8))　　　　　　　结果：_____

实验 6　字符型函数练习。

在命令窗口中输入如下命令，将执行结果写在横线上。（□表示空格）

```
?LEFT("心灵捕手",4)          结果：_____
?LEFT("1234",3)             结果：_____
?RIGHT("心灵捕手",4)         结果：_____
?RIGHT ("1234",3)           结果：_____
?SUBSTR("心灵捕手",5,4)      结果：_____
?SUBSTR("1234",2,2)         结果：_____
?LEN("心灵捕手")            结果：_____
?LEN("1234")               结果：_____
?LEN(SPACE(3)- SPACE(2))    结果：_____
?STUFF("abcde",2,3,"fg")    结果：_____
?UPPER('CHina')            结果：_____
?LOWER('China')            结果：_____
?ALLTRIM("□ab□cd□")        结果：_____
?LTRIM("□ab□cd□")          结果：_____
?RTRIM("□ab□cd□")          结果：_____
?AT('ab','aabb')           结果：_____
?AT('ab','aabbaabb',2)     结果：_____
```

实验 7 日期型函数练习。

在命令窗口中输入如下命令，将执行结果写在横线上。

```
SET CENTURY ON
?DATE()                    结果：_____
?TIME()                    结果：_____
?DATETIME()                结果：_____
SET CENTURY OFF
?DATE()                    结果：_____
?TIME()                    结果：_____
?DATETIME()                结果：_____
?YEAR(DATE())              结果：_____
?MONTH({^2015-05-25})      结果：_____
?DAY({^2015-05-25})        结果：_____
?CDOW({^2015-05-25})       结果：_____
SET DATE TO YMD
?DATE()                    结果：_____
```

实验 8 类型转换函数练习。

在命令窗口中输入如下命令，将执行结果写在横线上。

```
?STR(123.456)                      结果：_____
?STR(123.456,7), STR(123.456,8)    结果：_____
?STR(123.456,7,2)                  结果：_____
?VAL("123.456")                    结果：_____
?VAL("123AB45CD6")                 结果：_____
?VAL("AB123.456")                  结果：_____
```

```
?CHR(65)                          结果：_____
?ASC("A")                         结果：_____
?CTOD("^2015/05/25")              结果：_____
?DTOC({^2015/05/25})              结果：_____
?DTOC(DATE())                     结果：_____
```

实验 9   测试函数练习。

在命令窗口中输入如下命令，将执行结果写在横线上。（□表示空格）

```
?IIF(5>4,5,4)                     结果：_____
?IIF(5<4,5,4)                     结果：_____
?BETWEEN(10,1,100)                结果：_____
?BETWEEN("G","A","Z")             结果：_____
?ISNULL(NULL)                     结果：_____
?ISNULL(0)                        结果：_____
?ISNULL("□")                      结果：_____
?EMPTY(0)                         结果：_____
?EMPTY("□")                       结果：_____
?EMPTY(NULL)                      结果：_____
?VARTYPE(100)                     结果：_____
?VARTYPE("成绩")                   结果：_____
?VARTYPE(.F.)                     结果：_____
?VARTYPE({^2015/05/25})           结果：_____
?VARTYPE(TIME())                  结果：_____
```

实验 10   宏替换函数练习。

在命令窗口中输入如下命令，将执行结果写在横线上。

```
a="12"
b="34"
c=&a+&b
?c                                结果：_____
```

第3章 数据库与数据表

实验 3.1 数据库与数据库表的建立

一、实验目的

（1）掌握数据库的建立方法。

（2）掌握数据库表结构的建立和表记录的添加方法。

（3）掌握数据库表记录的浏览方法。

二、实验内容及步骤

建立如图 3-1 所示的"工资管理"数据库。

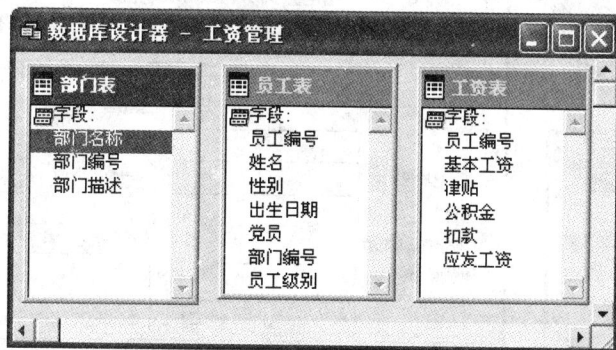

图 3-1 "工资管理"数据库

实验 1 创建"工资管理"数据库。

在非 C 盘以自己学号为名创建文件夹，在该文件夹下建立"工资管理"数据库。

（1）在非 C 盘建立以自己学号为名字的文件夹。

（2）启动 Visual FoxPro。

（3）设置默认目录为非 C 盘自己学号文件夹。

（4）建立"工资管理"数据库。

【提示】选择"文件"→"新建"命令，选择"数据库"选项，单击"新建文件"按钮，输入数据库文件名"工资管理"，选择保存位置为自己学号的文件夹，单击"保存"按钮，完成数据库的建立并打开数据库设计器窗口。

实验 2 建立"部门表"。

在"工资管理"数据库中建立如图 3-2 所示的"部门表"，要求立即输入记录。"部门表"表结构如表 3-1 所示。

表 3-1　"部门表"表结构

字段名	类型	宽度	小数位	索引	NULL
部门名称	字符型	6			
部门编号	字符型	4			
部门描述	备注型	4			

（1）创建"部门表"表结构。

【提示】选择"文件"→"新建"命令，打开"新建"对话框，选择"表"选项，单击"新建文件"按钮，打开"创建"对话框，选择保存位置，输入表名"部门表"，单击"保存"按钮，打开"部门表"表设计器对话框，如图 3-3 所示，输入表结构信息，单击"确定"按钮。

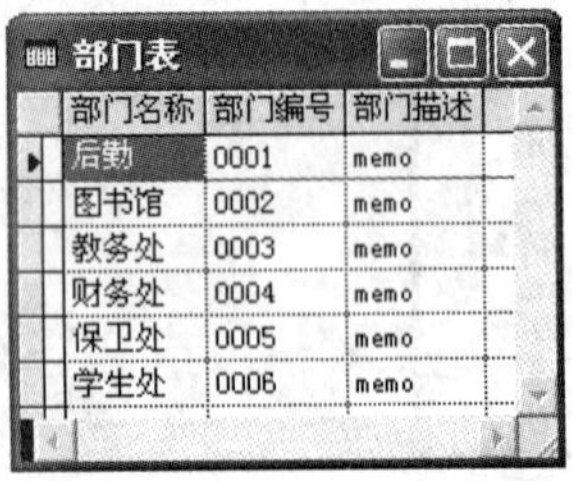

图 3-2　"部门表"记录 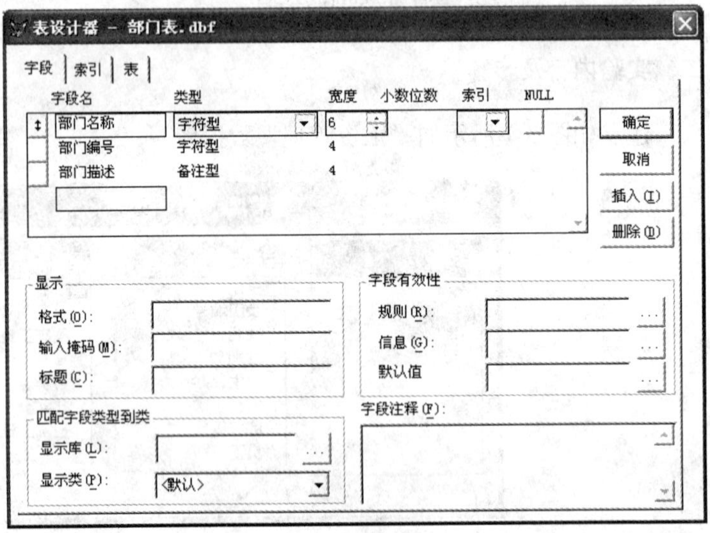　　　　　　图 3-3　"部门表"表设计器对话框

（2）输入如图 3-2 所示的"部门表"记录。

【提示】在打开的"现在输入数据记录吗？"对话框中单击"是"按钮，打开输入记录窗口，输入数据。输入结束后，按 Ctrl+W 组合键保存当前输入；按 Esc 键或 Ctrl+Q 键放弃当前输入。

实验 3　建立"员工表"。

在"工资管理"数据库设计器中，使用快捷菜单创建如图 3-4 所示的员工表。员工表表结构如表 3-2 所示。

要求：部门编号字段允许为空值，性别只能输入"男"或"女"，性别输入错误显示信息"输入错误"，性别的默认值为"男"，以追加记录方式输入记录。

图 3-4　"员工表"记录

表 3-2　"员工表"表结构

字段名	类型	宽度	小数位	索引	NULL
员工编号	字符型	8			
姓名	字符型	8			
性别	字符型	2			
出生日期	日期型	8			
党员	逻辑型	1			
部门编号	字符型	4			√
员工级别	字符型	1			

（1）使用快捷菜单创建"员工表"表结构。

【提示】右击"工资管理"数据库设计器的任意空白处，在弹出的快捷菜单中选择"新建表"命令，选择相应的选项，打开表设计器，输入表结构信息。

（2）设置"部门编号"字段允许为空。

【提示】将"部门编号"字段的 NULL 设置为☑，如图 3-5 所示。

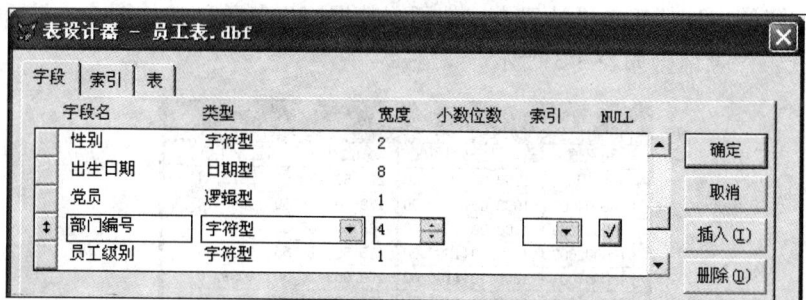

图 3-5　设置"部门编号"字段允许为空值

（3）设置"性别"字段的有效性规则，规则文本框：性别="男".OR. 性别="女"；信息文本框："输入错误"；默认值文本框："男"，如图 3-6 所示。

【提示】先用鼠标单击"性别"字段，然后在字段有效性选项区进行设置。

（4）结束表设计器的设置，不立即输入记录。

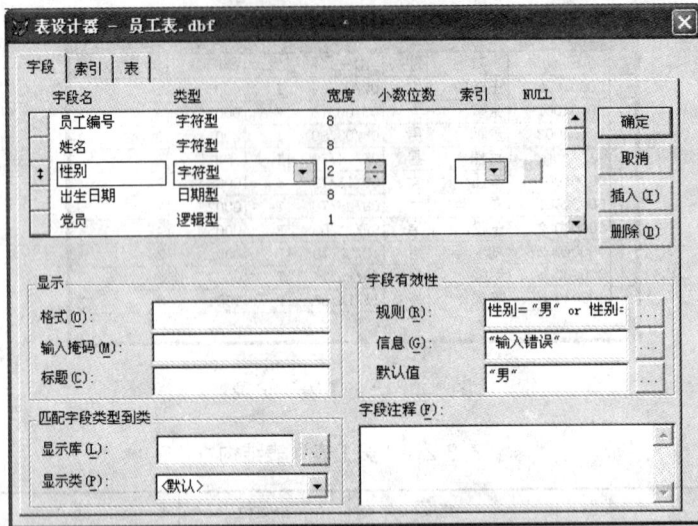

图 3-6　"性别"字段有效性规则

（5）以追加记录方式为"员工表"输入如图 3-4 所示的记录。

【提示】"工资管理"数据库中已建立"部门表"和"员工表"两个表，选中"员工表"，选择"显示"→"追加方式"命令，系统会在表的末尾追加一条空记录，并显示一个输入框，输入第一条记录后，系统自动追加下一条记录。

实验 4　浏览"员工表"。

浏览"员工表"，显示该表信息。

【提示】在"工资管理"数据库中，右击"员工表"，在打开的快捷菜单中选择"浏览"，进入表浏览状态，选择"显示"→"编辑"命令或选择"显示"→"浏览"命令，可在表浏览状态和表编辑状态间切换。

实验 5　建立"工资表"。

在"工资管理"数据库设计器中，使用"数据库"菜单创建如图 3-7 所示的"工资表"，"工资表"表结构如表 3-3 所示。

员工编号	基本工资	津贴	公积金	扣款	应发工资
00001002	1500.00	1200.00	236.50	150.56	2312.94
00004001	1000.00	900.00	150.00	56.30	1693.70
00003003	1100.00	1000.00	165.50	85.30	1849.20
00002002	1200.00	1000.00	175.50	95.50	1929.00
00001001	1300.00	1100.00	200.00	110.30	2089.70
00002001	1450.00	1200.00	220.00	130.20	2299.80
00003002	1050.00	900.00	140.00	50.10	1759.90
00004002	1380.00	1150.00	230.30	140.00	2159.70
00003001	1250.00	1000.00	215.30	135.60	1899.10
00004003	1150.00	950.00	185.90	120.40	1793.70

图 3-7　"工资表"记录

表 3-3 "工资表" 表结构

字段名	类型	宽度	小数位	索引	NULL
员工编号	字符型	8			
基本工资	数值型	7	2		
津贴	数值型	7	2		
公积金	数值型	7	2		
扣款	数值型	6	2		
应发工资	数值型	7	2		

实验 3.2 数据库表的基本操作

一、实验目的

（1）掌握数据库表结构的修改方法。
（2）掌握数据库表记录的修改、删除和恢复方法。
（3）掌握自由表的建立方法。
（4）掌握数据库表和自由表的转换方法。

二、实验内容及步骤

实验 6 数据库表的基本操作。

（1）打开实验 3.1 所建的"工资管理"数据库。

【提示】使用"文件"→"打开"命令，在文件类型下拉列表中选择"数据库"选项。

（2）修改"部门表"的表结构，增加"办公地址"字段，字符型，8 位宽度，将"部门编号"字段移动到"部门名称"字段之前。

【提示】右击"部门表"，在弹出的快捷菜单中选择"修改"命令，打开如图 3-3 所示的"部门表"表设计器对话框，光标定位到"部门描述"字段下面，输入"办公地址"，类型选择"字符型"，宽度设为 8。鼠标放在"部门编号"字段左侧的 ↕ 按钮处，向上拖动，移动字段。

【思考】如何删除"部门描述"字段？

（3）修改"工资表"记录，将员工编号为"00004001"的津贴改为 2100 元，将所有职工的基本工资增加 200 元。

【提示】右击"工资表"，在弹出的快捷菜单中选择"浏览"，在"工资表"浏览窗口中直接将员工编号为"00004001"的津贴修改为 2100。

【提示】选择"表"→"替换字段"命令，打开"替换字段"对话框，进行相应的设置，如图 3-8 所示。

【技巧】如果修改表中的个别字段值，可在表浏览状态下直接修改，如果批量修改表中的字段值，可在"替换字段"对话框中完成。

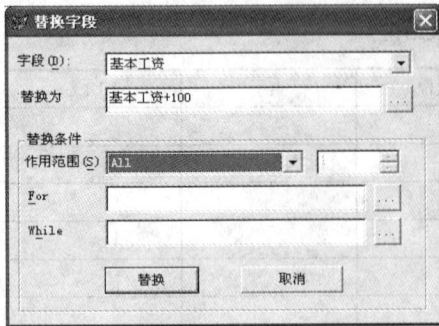

图 3-8   "替换字段"对话框

【思考】作用范围必须选 ALL 吗?

（4）为"员工表"追加一条记录，员工编号输入"99999999"，姓名输入"赵阳"。

【提示】在表浏览窗口中选择"表"→"追加新记录"命令。

（5）为"员工表"中姓名为"赵阳"的记录添加删除标记，并物理删除。

【提示】在"员工表"浏览窗口，鼠标单击记录删除标记位置，为记录添加删除标记，如图 3-9 所示。选择"表"→"彻底删除"命令，物理删除带有删除标记的记录。

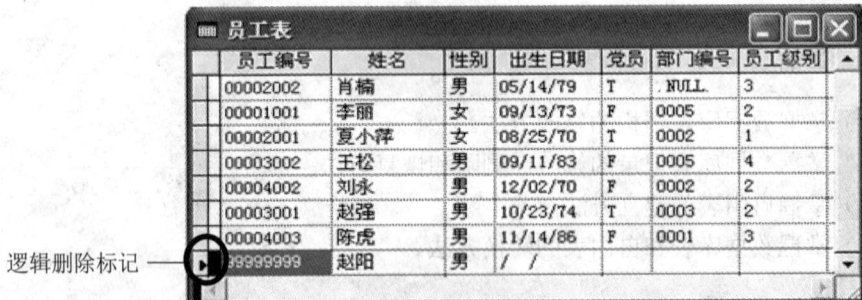

图 3-9   逻辑删除记录"赵阳"

（6）逻辑删除"员工表"中 1970 年 12 月 31 日之前出生的所有员工记录。

【提示】在表浏览窗口，选择"表"→"删除记录"命令，设置"删除"对话框，如图 3-10 所示。

（7）恢复逻辑删除的所有记录。

【提示】在表浏览窗口，选择"表"→"恢复记录"命令，设置恢复记录对话框，如图 3-11 所示。

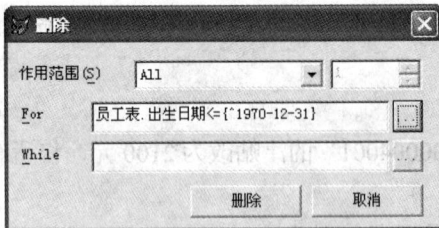

图 3-10   "删除"对话框

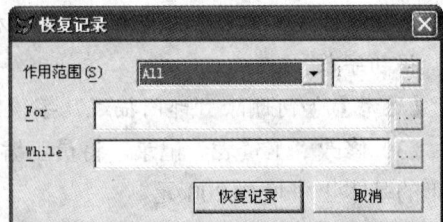

图 3-11   "恢复记录"对话框

（8）在员工表中查找"肖楠"的记录。

【提示】在表浏览窗口，光标定位到第一条记录，选择"编辑"→"查找"命令，在"查找"对话框中完成操作，如图 3-12 所示。

（9）建立自由表"设备表"。"设备表"记录如图 3-13 所示，表结构如表 3-4 所示。

【提示】建立自由表前要先关闭数据库，在命令窗口执行命令"CLOSE DATABASE"，然后选择"文件"→"新建"命令建立表结构。

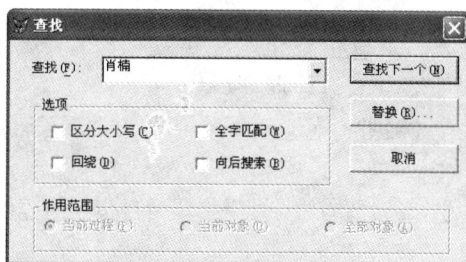

图 3-12　"查找"对话框

图 3-13　"设备表"记录

表 3-4　"设备表"表结构

字段名	类型	宽度	小数位	索引	NULL
设备编号	字符型	4			
设备名称	字符型	10			
设备价格	数值型	6			
部门编号	字符型	4			

（10）将自由表"设备表"添加到"工资管理"数据库中。

【提示】打开"工资管理"数据库，在数据库设计器窗口中用鼠标右击空白处，在弹出的快捷菜单中选择"添加表"命令。

（11）从"工资管理"数据库中移出"部门表"。

【提示】在"工资管理"数据库设计器窗口中右击"部门表"，在弹出的快捷菜单中选择"删除"命令，弹出确认移去或删除表对话框，如图 3-14 所示，单击"移去"按钮，将"部门表"从数据库中移出，变为自由表。

【思考】若单击"删除"按钮，磁盘上还会有"部门表"吗？

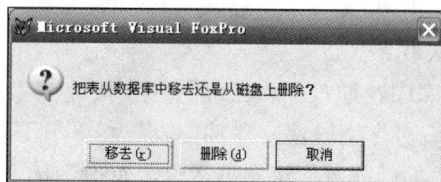

图 3-14　确认移去或删除数据库对话框

实验 3.3　表的索引和关联

一、实验目的

（1）掌握使用表设计器建立索引的方法。

（2）掌握建立表间永久性联系的方法。

（3）掌握数据库表的参照完整性设置的方法。

二、实验内容及步骤

实验7　在"工资管理"数据库的"员工表"中建立索引。

（1）打开"工资管理"数据库，打开"员工表"表设计器窗口。

【提示】右击"员工表"，在弹出的快捷菜单中选择"修改"命令，弹出"表设计器-员工表"对话框。

（2）按"部门编号"字段降序建立普通索引，按"员工编号"字段升序建立主索引，索引名和索引表达式相同。

【提示】在表设计器"字段"选项卡下，选择某个字段"索引"列表框中的"↑升序"或"↓降序"，则在对应字段上建立普通索引，索引名和索引表达式相同。如果要将索引定义为主索引、候选索引或唯一索引，则需要切换到"索引"选项卡，然后从"类型"下拉列表框中选择索引类型。

（3）按"性别"＋"出生日期"字段升序建立普通索引，索引名为"sdate"。

【提示】为表中多个字段组成的表达式建立索引，需要在"索引"选项卡中完成，如图 3-15 所示，索引名输入"sdate"，类型选择"普通索引"，表达式设置为"性别＋DTOC（出生日期）"。

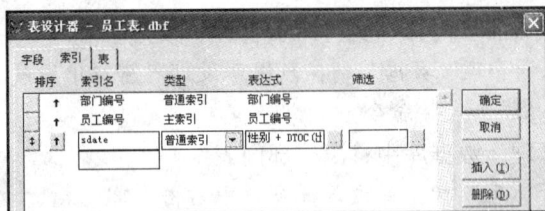

图 3-15　"索引"选项卡

实验8　删除索引名为 sdate 的索引。

在"索引"选项卡中，选中索引名为 sdate 的索引，单击"删除"按钮。

实验9　建立各种永久联系。

在"工资管理"数据库中，通过"员工编号"字段建立"员工表"和"工资表"间的永久联系；通过"部门编号"字段建立"部门表"和"员工表"间的永久联系。

（1）为"部门表"以"部门编号"建立主索引，如图 3-16 所示，为"工资表"以"员工编号"建立普通索引，如图 3-17 所示。

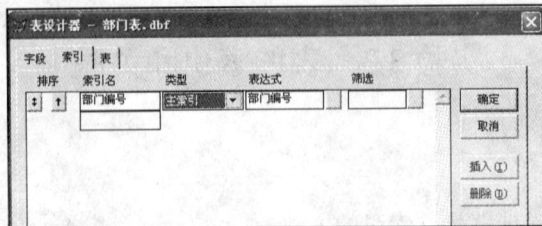

图 3-16　部门表索引类型-普通索引

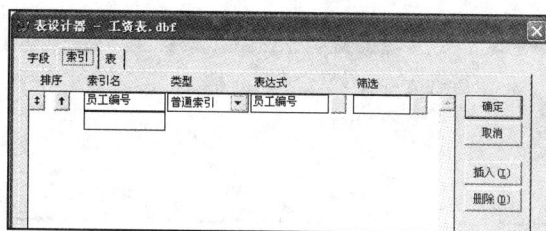

图 3-17 部门表索引类型-普通索引

【提示】"部门表"和"员工表"按"部门编号"字段建立一对多联系,"部门表"按"部门编号"字段建立主索引,被关联的子表"员工表"按"部门号"字段建立普通索引;"员工表"和"工资表"按"员工编号"字段建立一对多联系,"员工表"按"员工编号"字段建立主索引,被关联的子表"工资表"按"员工编号"字段建立普通索引。

(2)鼠标拖动索引标识建立永久联系。

【提示】鼠标选中父表"部门表"的主索引标识"部门编号",拖动至子表"员工表"的索引标识"部门编号"处,松开鼠标,两表之间产生一条连线,"部门表"和"员工表"间的永久联系建立完成。用同样方法建立"员工表"和"工资表"间的永久联系。如图 3-18所示。

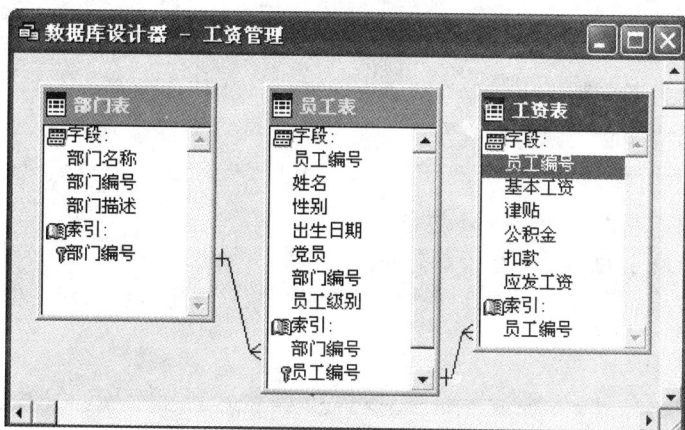

图 3-18 建立关联的工资管理数据库

【思考】如何取消永久联系?

实验 10 设置参照完整性规则。

为"工资管理"数据库的"部门表"和"员工表"设置参照完整性规则,更新规则为"级联",删除规则为"级联",插入规则为"限制"。

(1)清理数据库。

【提示】选择"数据库"→"清理数据库"命令。在清理数据库时,如果出现如图 3-19所示的提示对话框,表示数据库中的表处于打开状态,需要关闭表后才能正常完成清理数据库操作。可以选择"窗口"→"数据工作期"命令,在如图 3-20 所示的"数据工作期"窗口中选择要关闭的表,单击"关闭"按钮,关闭打开的表文件。

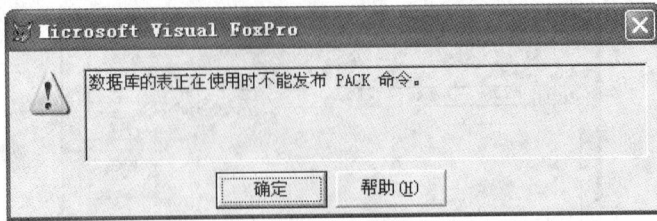

图 3-19　清理数据库出错的提示对话框

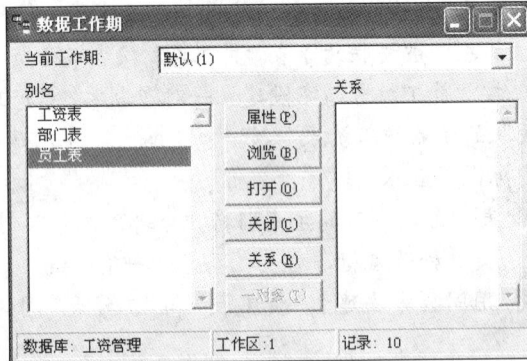

图 3-20　"数据工作期"窗口

（2）打开"参照完整性生成器"对话框，"更新规则"设置为"级联"，"插入规则"设置为"限制"，"删除规则"设置为"级联"。

【提示】选择"数据库"→"编辑参照完整性"命令，打开"参照完整性生成器"对话框，设置相应的规则，如图 3-21 所示。

注意：两个联系的参照完整性都需要设置。

（3）单击"确定"按钮，连续两次弹出"参照完整性生成器"对话框，确认后即完成参照完整性设置。

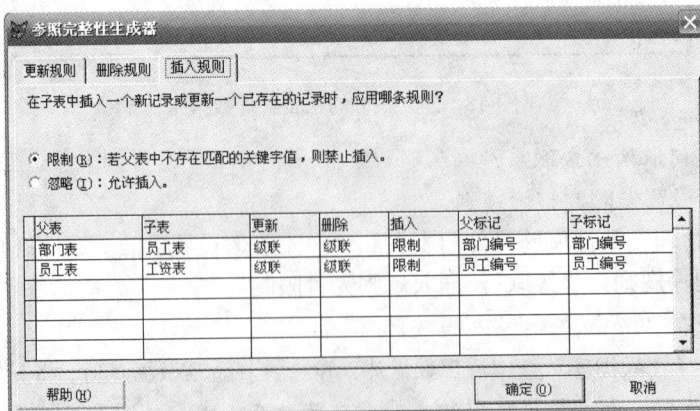

图 3-21　设置表之间的参照完整性规则

实验 3.4　综合应用练习

一、实验目的

掌握数据库、数据库表的综合应用。

二、实验内容及步骤

实验 11　完成下面的操作。

（1）打开"工资管理"数据库，分别为"部门表"、"员工表"和"工资表"建立主索引，为"员工表"以"出生日期"为索引表达式创建一个普通索引（升序），为"工资表"以"基本工资+应发工资"为索引表达式创建一个普通索引（升序），索引名均以索引表达式中第一个字段的名称命名。

（2）在"工资表"表中增加一个名为"说明"的字段，字段数据类型为"备注型"。

（3）将"员工表"表的"党员"字段的默认值设置为.T.。

（4）通过"员工编号"字段建立"工资表"表和"员工表"表间的永久联系，通过"部门编号"字段建立"部门表"表和"员工表"表间的永久联系。

实验 12　完成下面的操作。

（1）打开教材中的"教学"数据库，在"学生"表中新增加一个字段"身份证号"，类型为字符型，宽度为 18。

（2）设置"课程"表中"学分"字段的有效性规则：学分大于等于 1，小于等于 5，默认值为 3；"学时"字段的有效性规则：学时大于等于 12，小于等于 86，默认值为 72。

（3）为"教师"表创建一个主索引（升序），索引名为"教师号"，对应的索引表达式为"教师号"；建立一个普通索引（升序），索引名为"zc_nl"，对应的索引表达式为"职称+VAL(年龄)"。

（4）通过"课程号"字段建立"选课"表和"课程"表间的永久联系；通过"教师号"字段建立"课程"表和"教师"表间的永久联系。

实验 13　完成下面的操作。

（1）打开"教学"数据库，将"选课"表从数据库中移出，变成自由表。

（2）将"选课"表再次添加到"教学"数据库中，变成数据库表。

（3）允许"选课"表的"课程号"字段为空值。

（4）为"选课"表的"成绩"字段定义约束规则：成绩>=0 AND 成绩<=100，违背规则时的提示信息是："成绩必须在 0～100 之间"。

实验 14　完成下面的操作。

（1）建立自由表"C_1"，表结构如下。

　　　　班级编号(C,8)，班级名(C,20)，学院编号(C,8)，班级人数(N,3)

（2）建立自由表"C_2"，表结构如下。

　　　　学院编号(C,8)，学院名称(C,30)，班级个数(N,3)，备注(M)

（3）新建数据库"DB_1"，将自由表"C_1"和"C_2"添加到数据库"DB_1"中。

（4）为班级表"C_1"按升序创建一个主索引，主索引的索引名和索引表达式均为"班级编号"，创建一个普通索引，索引名和索引表达式均为"学院编号"；为表"C_2"创建一个主索引，索引名和索引表达式均为"学院编号"。

（5）通过"学院编号"字段建立"C_1"表"C_2"表间的永久联系。

（6）为以上建立的联系设置参照完整性约束：更新规则为"级联"，删除规则为"级联"，插入规则为"限制"。

第 4 章　SQL 关系数据库查询语言

实验 4.1　SELECT 查询语句

一、实验目的

（1）掌握 SQL 查询语言的查询功能。

（2）熟练运用各种联接、运算、排序和分组等语句进行各种查询。

（3）熟练掌握查询结果的保存方式。

二、实验内容及步骤

本章实验用到“教学”数据库和“工资管理”数据库，“教学”数据库与配套理论教材中的数据库相同，“工资管理”数据库与第 3 章实验中的数据库相同。“教学”数据库和“工资管理”数据库中的各个表如图 4-1 和图 4-2 所示。在 Visual FoxPro 的命令窗口中写入 SQL 语句，按 Enter 键执行，查看查询窗口中的记录是否满足查询要求。

学生

学号	姓名	性别	民族	出生日期	专业	入学成绩	简历	照片
11010001	王欣	女	汉	10/11/92	外语	525	Memo	Gen
11010002	张美芳	女	苗	07/01/93	外语	510	memo	gen
11010003	杨永丰	男	汉	12/15/91	外语	508	memo	gen
11060001	周军	男	汉	05/10/93	物理	485	memo	gen
11060002	孙志奇	男	苗	06/11/92	物理	478	memo	gen
11060003	胡丽梅	女	汉	01/12/92	物理	478	memo	gen
11060004	李丹阳	女	汉	02/15/92	物理	470	memo	gen
11080001	郑志	男	壮	05/10/93	计算机	510	memo	gen
11080002	赵海军	男	藏	08/01/92	计算机	479	memo	gen

选课

学号	课程号	成绩
11010001	001	95
11010001	004	85
11010002	001	90
11010003	001	92
11060001	002	88
11060001	005	80
11060002	002	86
11080001	003	98
11080001	005	75

课程

课程号	课程名	教师号	学时	学分
001	大学计算机基础	230001	60	4
002	高级语言程序设计VB	230002	72	4
003	多媒体技术	230001	45	3
004	大学体育	250001	30	1
005	大学英语	260002	60	4
006	马克思主义基本原理	280001	45	3

教师

教师号	姓名	性别	职称	党员否	年龄
230001	王平	女	讲师	T	32
230002	赵子华	男	副教授	T	35
230003	陈小丹	女	教授	T	40
280001	徐建军	男	教授	F	46
260002	刘海宇	男	助教	F	29
280002	孙大山	男	副教授	T	35
250001	高玉	女	副教授	F	32
230004	宋宇	男	助教	T	27

图 4-1　教学数据库中的各表

员工表

员工编号	姓名	性别	出生日期	党员	部门编号	员工级别
00001002	王晓丽	女	02/03/69	T	0003	1
00004001	张敏	女	03/06/76	F	0006	4
00003003	董鹏	男	06/08/80	T	0001	3
00002002	肖楠	男	05/14/79	T	.NULL.	3
00001001	李丽	女	09/13/73	F	0005	2
00002001	夏小萍	女	08/25/70	T	0002	1
00003002	王松	男	09/11/83	F	0005	4
00004002	刘永	男	12/02/70	F	0002	2
00003001	赵强	男	10/23/74	T	0003	2
00004003	陈虎	男	11/14/86	F	0001	3

工资表

员工编号	基本工资	津贴	公积金	扣款	应发工资
00001002	1500.00	1200.00	236.50	150.56	2312.94
00004001	1000.00	900.00	150.00	56.30	1693.70
00003003	1100.00	1000.00	165.50	85.30	1849.20
00002002	1200.00	1000.00	175.50	95.50	1929.00
00001001	1300.00	1100.00	200.00	110.30	2089.70
00002001	1450.00	1200.00	220.00	130.20	2299.80
00003002	1050.00	900.00	140.00	50.10	1759.90
00004002	1380.00	1150.00	230.30	140.00	2159.70
00003001	1250.00	1000.00	215.30	135.60	1899.10
00004003	1150.00	950.00	185.90	120.40	1793.70

部门表

部门名称	部门编号	部门描述
后勤	0001	memo
图书馆	0002	memo
教务处	0003	memo
财务处	0004	memo
保卫处	0005	memo
学生处	0006	memo

图 4-2　“工资管理”数据库中的各表

实验 1　简单查询、条件查询的练习。

（1）查看学生表中所有学生的基本信息。

```
SELECT * FROM 学生
```

（2）查看学生表中所有学生的基本信息，查询结果包含学号、姓名、入学成绩三个字段。

```
SELECT 学号,姓名, 入学成绩 FROM 学生
```

练一练： 查看学生表中所有学生的基本信息，查询结果包含学号、姓名、年龄三个字段。

```
SELECT _____ FROM 学生
```

（3）在学生表中查看学生有哪几种民族。

```
SELECT DISTINCT 民族 FROM 学生
```

（4）在学生表中查看男学生的基本信息。

```
SELECT * FROM 学生 WHERE 性别="男"
```

练一练： 在学生表中查看计算机专业学生的基本信息。

```
SELECT * FROM 学生 _____
```

（5）在学生表中查看入学成绩大于 500 分（包含 500 分）的女学生的基本信息。

```
SELECT * FROM 学生 WHERE 入学成绩>=500 AND 性别="女"
```

练一练： 在学生表中查看所有少数民族学生的基本信息。

```
SELECT * FROM 学生 WHERE _____
```

（6）在学生表中查找入学成绩介于 480～520 分之间（包含 480 和 520）的学生的学号和姓名。

```
SELECT 学号,姓名 FROM 学生;
    WHERE 入学成绩 BETWEEN 480 AND 520
```

练一练： 在学生表中查询年龄在 20～22 之间的学生姓名。

```
SELECT 姓名 FROM 学生 WHERE _____
```

（7）在学生表中查询所有非"张"姓学生的学号、姓名和专业。

```
SELECT 学号,姓名,专业 FROM 学生 WHERE 姓名 NOT LIKE "张%"
```

练一练： 在学生表中查询姓名为"××军"的学生信息。

```
SELECT * FROM 学生 WHERE _____
```

（8）查看学生表中所有入学成绩大于 500（不包含 500）的学生信息，查询结果包含学号和年龄两个字段。

```
SELECT 学号,year(date())-year(出生日期) AS 年龄 FROM 学生;
WHERE 入学成绩>500
```

练一练： 在学生表中查看所有年龄大于 21 岁学生的姓名、专业和年龄信息。

```
SELECT _____
```

实验 2 排序查询、查询去向的练习。
（1）在学生表中查看学生的学号和入学成绩，查询结果按入学成绩降序排序。

```
SELECT 学号,入学成绩 FROM 学生 ORDER BY 入学成绩 DESC
```

练一练： 在学生表中查看学生的信息，查询结果按学号升序排序。

```
SELECT _____
```

（2）在学生表中查看所有学生的学号和年龄，查询结果按年龄升序排列。

```
SELECT 学号, year(date())-year(出生日期) AS 年龄 FROM 学生;
ORDER BY 年龄 ASC
```

或

```
SELECT 学号, year(date())-year(出生日期) AS 年龄 FROM 学生;
ORDER BY 2 ASC
```

【思考】可否把上面的 SQL 语句改写成如下语句？

```
SELECT 学号, year(date())-year(出生日期) AS 年龄 FROM 学生;
ORDER BY year(date())-year(出生日期)  ASC
```

【提示】ORDER BY 语句后不能使用运算表达式，但可以使用虚拟字段或字段编号。

练一练： 在学生表中查看所有学生的学号和专业信息，查询结果按专业升序排序。

```
SELECT _____
```

（3）在学生表中查看所有女学生的学号、姓名、专业和入学成绩，查询结果先按专业升序排序，再按入学成绩降序排序，并将查询结果存放到永久表 Tab_1 中。

```
SELECT 学号,姓名,专业,入学成绩 FROM 学生;
WHERE 性别="女" ORDER BY 专业,入学成绩 DESC INTO TABLE Tab_1
```

练一练： 在员工表中查看所有党员员工的员工编号、姓名、性别、部门编号、员工级别，查询结果先按部门编号升序排序，再按员工级别降序排序，并将查询结果存放到永久表 Tab_2 中。

```
SELECT _____
```

（4）在学生表中查找入学成绩最高的前三个学生的学号、姓名和专业，查询结果按入学成绩降序排列，并将查询结果存放到永久表 Tab_3 中。

```
SELECT TOP 3 学号,姓名,专业 FROM 学生;
ORDER BY 入学成绩 DESC INTO TABLE Tab_3
```

练一练：在工资表中查找应发工资最高的前三个人的员工编号和应发工资，查询结果按应发工资降序排列，并将查询结果存放到永久表 Tab_4 中。

```
SELECT _____
```

（5）在工资表中查看实发工资最高的前百分之三十员工的员工编号和实发工资（实发工资=应发工资－扣款），并将查询结果存放到文本文件 File1 中。

```
SELECT TOP 30 PERCENT 员工编号,应发工资-扣款 AS 实发工资;
FROM 工资 ORDER BY 2 DESC TO FILE File1
```

实验 3　计算查询、分组查询和联接查询的练习。
（1）在课程表中计算学分的总和，结果只包含学分总和字段。

```
SELECT SUM(学生) AS 学分总和  FROM 课程
```

（2）在学生表中统计专业为"计算机"的学生的人数，并将查询结果存放到数组 A1 中。

```
SELECT COUNT(*) FROM 学生 WHERE 专业="计算机" INTO ARRAY A1
```

（3）在学生表中统计学生的平均年龄，查询结果只包含平均年龄字段。

```
SELECT AVG(YEAR(DATE())-YEAR(出生日期)) AS 平均年龄 FROM 学生
```

练一练：在课程表中统计所有课程的总学时，结果只包含总学时字段。

```
SELECT _____
```

（4）在学生表中查询男、女学生的最高入学成绩，查询结果包含性别和最高入学成绩两个字段。

```
SELECT 性别,MAX(入学成绩) AS 最高入学成绩 FROM 学生 GROUP BY 性别
```

练一练：在学生表中统计每个专业的学生人数，结果包括专业和学生人数字段。

```
SELECT 专业,_____ FROM 学生 _____
```

（5）根据选课表和课程表，查询每门课程成绩最高的信息，查询结果包含课程名和最高成绩两个字段。

```
SELECT 课程名,MAX(成绩) AS 最高成绩 FROM 选课,课程;
WHERE 选课.课程号=课程.课程号 GROUP BY 课程.课程名
```

【思考】可否把上面的 SQL 语句改写成如下语句？

```
SELECT 课程名,MAX(成绩) AS 最高成绩 FROM 选课,课程;
WHERE 选课.课程号=课程.课程号 GROUP BY 课程名
```

（6）根据选课表和课程表，统计每门课程的平均成绩，查询结果包含课程号和平均成绩两个字段。

```
SELECT 课程号, AVG(成绩) AS 平均成绩 FROM 课程,选课;
WHERE 选课.课程号=课程.课程号 GROUP BY 课程.课程名
```

练一练：根据学生和选课两个表，统计每个学生所选课程的平均成绩，查询结果包含学号和平均成绩两个字段。

```
SELECT 学生.学号,AVG(成绩) AS 平均成绩 FROM 学生,选课;
WHERE _____ GROUP BY _____
```

（7）根据选课表和课程表，统计每门课程的选课人数，查询结果包含课程名和人数两个字段，并按人数降序排列。

```
SELECT 课程名,COUNT(*) AS 人数 FROM 选课,课程;
WHERE 选课.课程号=课程.课程号;
GROUP BY 课程.课程名 ORDER BY 人数 DESC
```

练一练：根据员工表和部门表，统计各部门的员工人数，查询结果包含部门名称和人数两个字段，并按人数降序排列。

```
SELECT 部门名称,COUNT(*) AS 人数 FROM 员工,部门;
WHERE _____;
GROUP BY _____ ORDER BY _____
```

（8）根据学生表、选课表和课程表查询学生的学号、姓名、所选课程的课程名和成绩。

```
SELECT 学生.学号,姓名, 课程.课程名,成绩 FROM 学生,选课,课程;
WHERE 选课.课程号=课程.课程号 AND 学生.学号=选课.学号
```

（9）根据选课表和课程表，查询选修 1 门以上课程（不含 1 门）学生的信息，查询结果包含学号和课程数两个字段，并按课程数降序排列。

```
SELECT 学号,COUNT(*) AS 课程数 FROM 选课,课程;
WHERE 选课.课程号=课程.课程号;
GROUP BY 选课.课程号 HAVING COUNT(*)>1;
ORDER BY 课程数 DESC
```

练一练：将该 SELECT 语句改写成超联接的形式。

```
SELECT 学号,COUNT(*) AS 课程数 FROM 选课 _____ 课程;
ON _____;
GROUP BY 选课.课程号 HAVING COUNT(*)>1;
ORDER BY 课程数 DESC
```

（10）根据选课表和课程表，查询平均成绩大于 90 分的课程名和平均成绩，查询结果按平均成绩降序排列。

```
SELECT 课程名, AVG(成绩) AS 平均成绩 FROM 选课,课程;
WHERE 选课.课程号=课程.课程号;
GROUP BY 课程号 HAVING 平均成绩>90;
ORDER BY 平均成绩 DESC
```

【思考】可否把上面的 SQL 语句改写成如下语句？

```
SELECT 课程名, AVG(成绩) AS 平均成绩 FROM 选课,课程;
WHERE 选课.课程号=课程.课程号;
GROUP BY 课程号 HAVING AVG(成绩)>90;
ORDER BY 平均成绩 DESC
```

练一练：根据学生表和选课表，查询平均成绩大于等于 90 分的学生的学号、姓名和平均成绩，查询结果按平均成绩升序排序。

```
SELECT _____
```

（11）查询有哪些学生还没有选课。

```
SELECT 姓名 FROM 选课 WHERE 课程号 IS NULL
```

【思考】可否把上面的 SQL 语句改写成如下语句？

```
SELECT 姓名 FROM 选课 WHERE 课程号=NULL
```

实验 4　嵌套查询的练习。

（1）根据员工表和工资表，查询应发工资最高的员工姓名和应发工资。

```
SELECT 姓名,应发工资 FROM 员工,工资 WHERE 员工.员工编号=;
工资.员工编号 AND 应发工资= (SELECT MAX(应发工资) FROM 工资 )
```

（2）查找应发工资大于李丽应发工资的员工姓名和应发工资。

```
SELECT 姓名, 应发工资 FROM 工资 WHERE 应发工资>;
(SELECT 应发工资 FROM 员工,工资;
WHERE 员工.员工编号=工资.员工编号 AND 姓名="李丽")
```

（3）查找应发工资大于所有后勤职工应发工资的员工姓名。

```
SELECT 姓名 FROM 员工 WHERE 应发工资>;
ALL(SELECT 应发工资 FROM 员工,工资;
WHERE 员工.员工编号=工资.员工编号 AND 部门编号 ="0001")
```

（4）查找还没有员工的部门的部门编号和部门名称。

```
SELECT 部门编号,部门名称 FROM 部门 WHERE 部门编号 NOT IN;
(SELECT 部门编号 FROM 员工)
```

实验 4.2　SQL 查询语言对数据表结构的定义与修改

一、实验目的

（1）掌握 SQL 查询语言的数据定义功能。

（2）熟练运用 CREATE、DROP 和 ALTER 命令，完成数据库对象的建立（CREATE）、删除（DROP）和修改（ALTER）操作。

（3）重点掌握 SQL 对数据库对象的修改功能。

二、实验内容及步骤

实验 5　在 Visual FoxPro 的命令窗口中写入 SQL 语句，按 Enter 键执行，建立和修改数据表。

（1）建立"仓库管理"数据库。

```
CREATE DATABASE 仓库管理
```

（2）建立表结构。

1）建立"入库"表，入库表的结构为：入库 (货物编号 C (6), 货物名称 C (20), 入库时间 D,管理员编号 C (6),入库数量 N(7.0) ,备注 M)。

```
CREATE TABLE 入库(货物编号C(6),货物名称C(20),入库时间D, ;
管理员编号C(6),入库数量N(7.0),备注M)
```

2）建立"出库"表，出库表的结构为：出库 (货物编号 C (6), 货物名称 C (20), 出库时间 D,管理员编号 C (6), 出库数量 N(7.0) ,备注 M)。

```
CREATE TABLE 出库(货物编号C(6),货物名称C(20),出库时间D, ;
管理员编号C(6),出库数量N(7.0),备注M)
```

3）建立"管理员"表，管理员表的结构为：管理员 (管理员编号 C (6)，姓名 C (8)，性别 C (2)，参加工作日期 D)，按"管理员编号"建立主索引，为"性别"设置字段有效性规则：性别只能为男或女；否则，提示错误信息"性别应为男或女"，默认值为"男"。

```
CREATE TABLE 管理员(管理员编号C(6) PRIMARY KEY,姓名C(8),性别C(2), ;
CHECK 性别$"男女" ERROR "性别应为男或女" DEFAULT "男",参加工作日期D)
```

4）建立"库存"表，库存表的结构为：库存 (货物编号 C (6)，货物名称 C (20)，品牌 C (20)，厂址 C (50)，单价 N (8，2)，库存量 N (5，0))，按"货物编号"建立主索引，"货物名称"建立候选索引，为"单价"设置字段有效性规则：单价应大于零；否则，提示错误信息"价格应为非负"。

```
CREATE TABLE 库存(货物编号C(6) PRIMARY KEY, 货物名称C(20) ;
UNIQUE,品牌C(20),厂址C(50),单价N(8,2) CHECK 价格>0 ;
ERROR "价格应为非负", 库存量N(5,0))
```

（3）修改表的结构。

1）向管理员表中添加年龄字段。要求：年龄大于等于 18 并且小于等于 60，如果输入错误，则提示："年龄介于 18 到 60 之间"，默认值为 30。

```
ALTER TABLE 管理员 ADD 年龄 I ;
CHECK 年龄>=18 AND 年龄<=60 ERROR "年龄介于 18 到 60 之间" DEFAULT 30
```

2）将库存表中货物名称字段定义为候选索引，索引名为 HWMC。

```
ALTER TABLE 库存 ADD UNIQUE 货物名称 TAG HWMC
```

3）将库存表中的厂址字段的宽度由 50 改为 60。

```
ALTER TABLE 库存 ALTER 厂址 C(60)
```

4）修改库存表中价格的有效性规则。要求：价格大于 0 并且小于 20000，如果输入错误，则提示："价格应介于 0 到 20000 之间"。

```
ALTER TABLE 库存 ALTER 价格;
SET CHECK 价格>0 AND 价格<20000 ERROR "价格应介于 0 到 20000 之间"
```

5）删除库存表中的候选索引 HWMC。

```
ALTER TABLE 库存 DROP UNIQUE TAG HWMC
```

6）删除管理员表中的年龄字段。

```
ALTER TABLE 管理员 DROP COLUMN 年龄
```

7）修改入库表中"入库时间"字段的名称为"入库日期"。

```
ALTER TABLE 入库 RENAME COLUMN 入库时间 TO 入库日期
```

实验 4.3　SQL 查询语言对数据表中的数据进行操作

一、实验目的

（1）掌握 SQL 查询语言的数据操作功能。

（2）熟练运用 INSERT、UPDATA 和 DELETE 命令，完成表中数据的插入（INSERT）、更新（UPDATA）和删除（DELETE）。

二、实验内容及步骤

实验 6　打开数据库，在 Visual FoxPro 的命令窗口中写入 SQL 语句，按 Enter 键执行，修改表中的数据。

（1）向入库表中添加一条记录，"000001"号管理员在今天入库编号为"201523"的货物 100 件。

```
INSERT INTO 入库(货物编号,管理员编号,入库数量,入库日期);
VALUES("201523","000001",100,DATE())
```

【思考】把语句改为"INSERT INTO 入库 VALUES("201523","000001",100,DATE())"
是否可以？

　　练一练：向出库表中添加一条记录，"000001"号管理员在 2015 年 1 月 1 日出库编
号为"201533"的货物 100 件。

```
INSERT INTO 出库_____
```

（2）向库存表中插入一条记录，货物编号为"201522"，货物名称为"平板电脑"，
品牌为"联想"， 库存量为 100，单价为 3834.00。

```
INSERT INTO 库存(货物编号, 货物名称, 品牌, 库存量,单价);
VALUES("201522","平板电脑","联想",100, 3834.00)
```

【思考】把语句改为"INSERT INTO 库存 VALUES("201522","平板电脑","联想",100,
3834.00)"是否可以？

　　练一练：向入库表中添加一条记录，"000001"号管理员入库了编号为"201577"的
货物 100 件。

```
INSERT INTO 入库_____
```

（3）删除入库表中的由管理员"000002"负责入库的入库记录。

```
DELETE FROM 入库 WHERE 管理员编号="000002"
PACK
```

　　练一练：在入库表中逻辑删除"000001"号管理员的入库记录。

```
DELETE _____
```

（4）将库存表中的单价都增加 100 元。

```
UPDATE 库存 SET 单价=单价+100
```

　　练一练：将入库表中"201512"号货物的入库日期改为今天。

```
UPDATE 入库 SET_____WHERE _____
```

实验 4.4　综合应用练习

一、实验目的

（1）熟练运用 SQL 查询语言完成相关操作。
（2）根据用户要求完成查询任务。

二、实验内容及步骤

本实验用到"教学"数据库与配套理论教材中的数据库相同。在 Visual FoxPro 的命令窗口中写入 SQL 语句，按 Enter 键执行，查看查询窗口中的记录是否满足查询要求。

实验 7　查询学生的学号、姓名、课程号、课程名、和成绩信息，查询结果按学号升序、成绩降序排序，将查询结果保存在 CJ 中。

【提示】

```
SELECT S.学号,S.姓名,K.课程号,K.课程名,C.成绩 FROM 学生 S INNER ;
JOIN 选课 C INNER JOIN 课程 K ON C.课程号=K.课程号 ON S.学号=C.学号;
ORDER BY S.学号,C.成绩 DESC INTO TABLE CJ.DBF
```

实验 8　查询教师的姓名及所讲授的课程名称信息，查询结果保存到临时表 TEMP 中。

【提示】

```
SELECT J.姓名,K.课程名 FROM 教师 J INNER JOIN 课程 K ;
ON J.教师号=K.教师号 INTO CURSOR TEMP
```

实验 9　完成下面操作。

（1）查询学生表中入学成绩在 500 分以下的学生信息，并将查询结果按入学成绩降序，性别升序排序。

```
SELECT * FROM 学生 WHERE 入学成绩<500 ORDER BY 学生成绩 DESC,性别
```

（2）查询学生表中男女生的人数、平均入学成绩，查询信息包括性别、人数、平均入学成绩。

```
SELECT 性别,COUNT(学号) AS 人数,AVG(入学成绩) AS 平均入学成绩 FROM 学生 ;
GROUP BY 性别
```

（3）统计教师表中不同职称的人数，查询信息包括职称、人数，并将查询结果保存在表 ZHC 中。

```
SELECT 职称,COUNT(教师号) AS 人数 FROM 教师 GROUP BY 职称 INTO TABLE ZHC
```

（4）查询学生表中入学成绩最高的记录信息。

```
SELECT * FROM 学生 WHERE 入学成绩=(SELECT MAX(入学成绩) FROM 学生)
```

（5）查询入学成绩低于平均入学成绩的学生信息。

```
SELECT * FROM 学生 WHERE 入学成绩<(SELECT AVG(入学成绩) FROM 学生)
```

（6）查询未选课学生的学号和姓名。

```
SELECT 学号,姓名 FROM 学生 WHERE 学号 NOT IN;
(SELECT DISTINCT 学号 FROM 课程)
```

第 5 章　查询与视图

实验 5.1　查询设计

一、实验目的

（1）理解查询的基本概念和设计过程。

（2）熟练使用"查询设计器"进行查询设计。

（3）掌握"字段"选项卡和"分组依据"选项卡的使用方法。

二、实验内容及步骤

实验 1　使用查询设计器设计一个要求如下的查询。

（1）基于"工资管理"数据库中的"部门表"、"员工表"和"工资表"建立查询。

（2）查询各部门男女员工的平均应发工资。

（3）查询结果包括"部门名称"、"性别"和"平均工资"三个字段。

（4）查询结果按部门名称升序、平均工资降序排序。

（5）查询结果保存在表"部门男女工资.DBF"中。

（6）完成设计后，将查询保存为名为"query1.qpr"的查询文件，并运行该查询。

【说明】"工资管理"数据库已经给出。"工资管理"数据库由"部门表"、"员工表"和"工资表"组成，如图 5-1 所示。

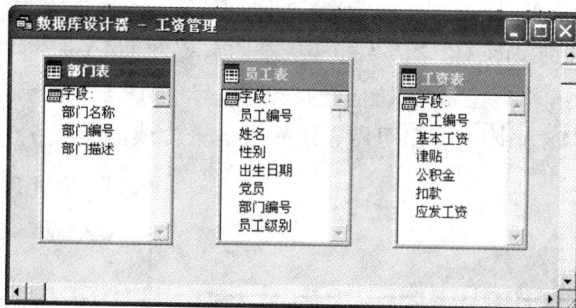

图 5-1　"工资管理"数据库

操作步骤如下：

（1）选择"文件"→"新建"命令，打开"新建"对话框，选择"查询"选项，单击"新建文件"按钮，打开"查询设计器"。

依次添加"部门表"、"员工表"和"工资表"到"查询设计器"中，在弹出的联接条件对话框中设置联接条件：依次设置为"部门表.部门编号=员工表.部门编号"、"员工表.员工编号=工资表.员工编号"；联接类型均设置为"内部联接"，如图 5-2 和图 5-3 所示。如果已经在数据库设计器中为表建立了永久联系，则不会出现该对话框。

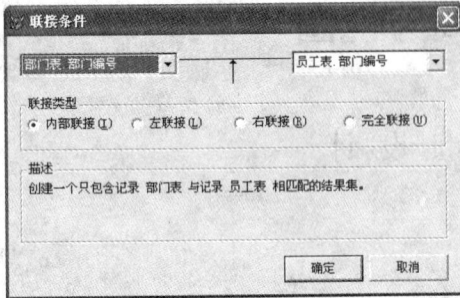

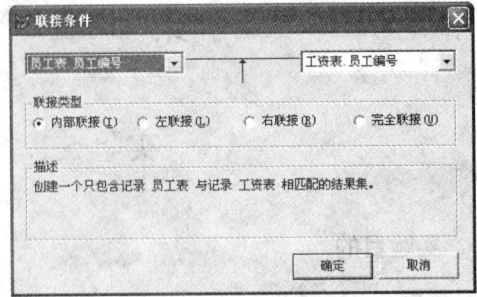

图 5-2　"部门表"与"员工表"的联接条件设置　　图 5-3　"员工表"与"工资表"的联接条件设置

　　新插入的表必须能够与前面加入的表建立联系，即加入表的顺序必须与三个表的联接顺序一致，否则可能导致查询结果的错误。如果插入的表在"联接条件"对话框中没有自动产生联系，则会出现如图 5-4 所示的情况，此时需要按"取消"按钮，手动设置联接条件。

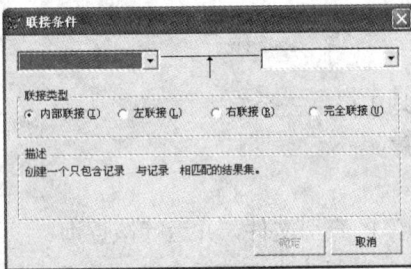

图 5-4　没有产生联接条件的对话框

【提示】手动设置联接条件的方法有以下三种。

① 先把原来表中的联接删除（选中连接线，然后按 Delete 键），然后重新添加联系。添加联系的方法与设置永久联系的方法类似，只是这里不需要建立索引。

② 在"联接"选项卡中，先移去所有联接条件，然后再添加。

③ 先把原来表中的联接删除，然后单击查询设计器工具栏中的"添加联接"按钮，在弹出的"联接条件"对话框中重新设置，如图 5-2 所示。

　　（2）在"字段"选项卡中，将字段"部门表.部门名称"、"员工表.性别"和表达式"AVG（工资表.应发工资）AS 平均工资"添加至"选定字段"，如图 5-5 所示。其中表达式"AVG（工资表.应发工资）AS 平均工资"可用表达式生成器生成，如图 5-6 所示。

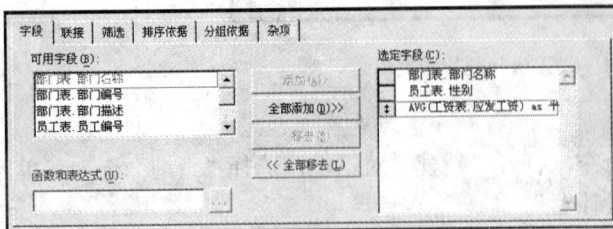

图 5-5　"字段"选项卡

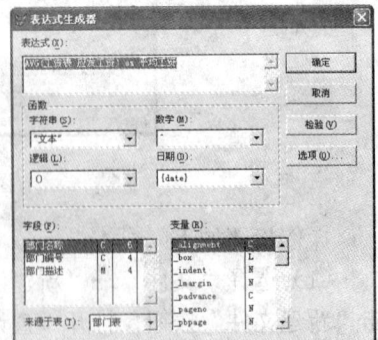

图 5-6　表达式生成器

【提示】在"表达式生成器"界面中，可选择相应函数或字段来自动生成表达式，或在"表达式"文本框中手动输入表达式。例如，在"数学"函数列表框中选择函数 AVG( )，在"来源于表"列表框中选择"工资表"，然后在"字段"列表框中双击"应发工资"字段，这样 AVG(工资表.应发工资)表达式就自动生成了，最后在表达式后输入虚拟字段名"AS 平均工资"，如图 5-6 所示。

（3）在"联接"选项卡中设置各表的联接条件，如图 5-7 所示。如果各表之间的联接条件在添加表时已经设置完成，可跳过此步骤。

字段	联接	筛选	排序依据	分组依据	杂项		
	类型		字段名	否	条件		值
	↔ Inner Joi		部门表.部门编号		=		员工表.部门编号
↕	↔ Inner Joi		员工表.员工编号		=		工资表.员工编号

图 5-7 各表联接关系

（4）在"分组依据"选项卡中依次添加分组字段为"部门表.部门名称"和"员工表.性别"，如图 5-8 所示。

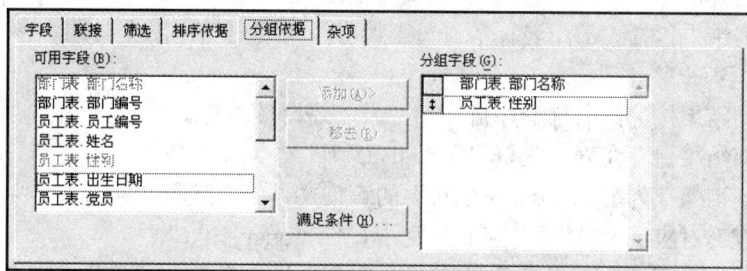

图 5-8 分组字段设置

（5）在"排序依据"选项卡中添加排序表达式为"部门表.部门名称"和"AVG（工资表.应发工资）AS 平均工资"，此时排序选项都默认为升序，选中排序条件中的"AVG（工资表.应发工资）AS 平均工资"，选择排序选项为"降序"，如图 5-9 所示。

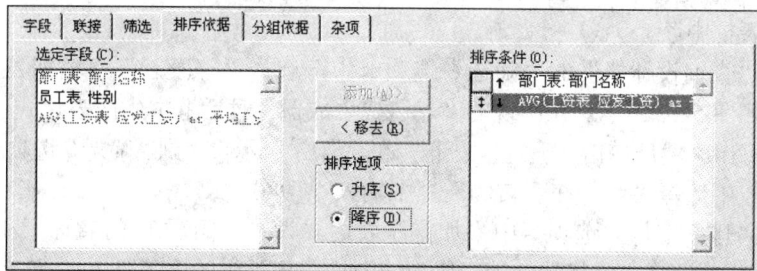

图 5-9 排序字段设置

（6）单击"查询设计器工具栏"上的"查询去向"按钮，打开"查询去向"对话框，设置输出去向为"表"，在表名后的文本框中输入"部门男女工资"，如图 5-10 所示。

（7）选择"文件"菜单下的"保存"命令，在"保存"对话框中输入查询的名称为"query1.qpr"。

（8）单击常用工具栏上的"运行"按钮 ，运行查询后，自动生成表"部门男女工资"。

（9）选择"显示"→"浏览"命令，浏览"部门男女工资"表，如图 5-11 所示。

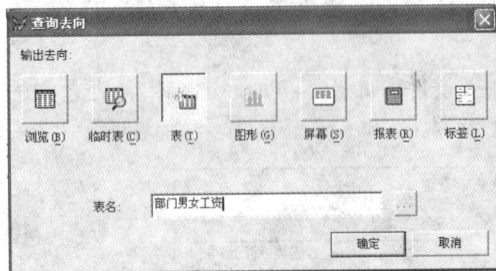

图 5-10　查询去向设置　　　　　　　　图 5-11　　"部门男女工资"表

实验 2　使用查询设计器设计一个要求如下的查询。

（1）基于"工资管理"数据库中的"部门表"、"员工表"和"工资表"建立查询。

（2）查询各部门 1980 年以前出生的员工的应发工资。

（3）查询结果包括"部门名称"、"员工编号"、"姓名"、"出生日期"和"应发工资"五个字段。

（4）查询结果按部门名称升序排序、应发工资降序排序。

（5）查询结果保存在表"工资_1980.DBF"中。

（6）将查询保存为名为"query2.qpr"的查询文件，并运行该查询。

（7）将查询对应的 SQL 语句存储于文本文件"query1.txt"中。

【说明】"工资管理"数据库已经给出，基本操作步骤与上一实验大部分相同，在这里只做简要说明。

操作步骤如下：

（1）新建查询，依次添加部门表、员工表和工资表到"查询设计器中"。

（2）在"查询设计器"的"字段"选项卡中，将"部门表.部门名称"、"员工表.员工编号"、"员工表.姓名"、"员工表.出生日期"和"工资表.应发工资"字段依次添加到"选定字段"列表框中。

（3）在"查询设计器"的"筛选"选项卡中，选择"字段名"下拉列表中的"<表达式…>"，如图 5-12 所示。在出现的"表达式生成器"对话框中生成表达式"YEAR(员工表.出生日期)"，然后单击"确定"按钮，如图 5-13 所示。回到"筛选"选项卡，在"条件"下拉列表中选择"<"，在"实例"框中输入"1980"。

（4）在"排序依据"选项卡中添加排序表达式为"部门表.部门名称"和"工资表.应发工资"，此时排序选项都默认为升序，选中排序条件中的"工资表.应发工资"，选择排序选项为"降序"。

（5）单击"查询设计器"工具栏上的"查询去向"按钮 ，如图 5-14 所示。打开"查询去向"对话框，设置输出去向为"表"，在表名后的文本框中输入"工资_1980"。

（6）在"查询设计器"窗口中，选择"文件"菜单下的"保存"命令，在"保存"对话框中输入查询的名称为"query2.qpr"。

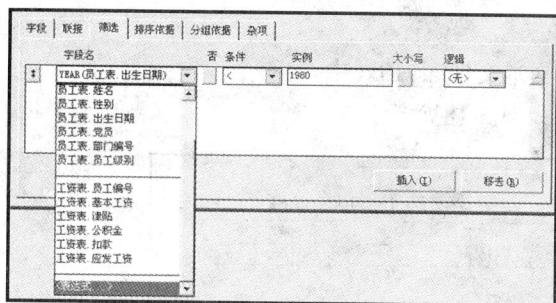

图 5-12　"筛选"选项卡

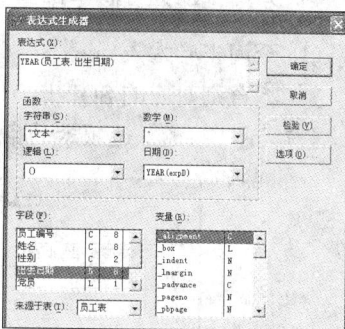

图 5-13　表达式生成器

（7）单击常用工具栏上的"运行"按钮 ，运行查询后，自动生成表"工资_1980.DBF"，浏览"工资_1980. DBF"文件，如图 5-15 所示。

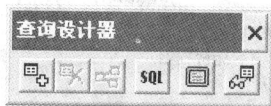

图 5-14　"查询设计器"工具栏

图 5-15　"工资_1980"表

（8）单击"查询设计器"工具栏中的"SQL"按钮，如图 5-14 所示，或者选择"查询"菜单的"查看 SQL"选项，弹出文本窗口，显示查询文件对应的 SQL 语句，如图 5-16 所示。

（9）将文本窗口中的 SQL 语句复制，选择"文件"→"新建"命令，打开"新建"对话框，选择"文本文件"选项，单击"新建文件"按钮，打开文本文件窗口，将复制的 SQL 语句粘贴到该窗口中，如图 5-17 所示。选择"文件"→"保存"命令，在"保存"对话框中输入文本文件的名称为"query1.txt"，注意扩展名".txt"不可以省略，关闭文本文件窗口。

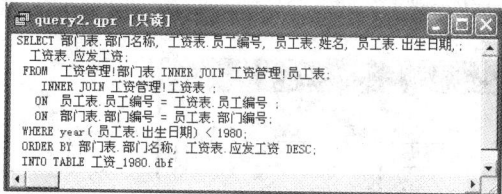

图 5-16　SQL 语句

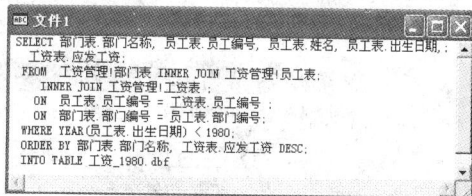

图 5-17　文本文件窗口

练一练：

（1）使用查询设计器设计一个查询，要求如下。

① 从学生表和选课表中找出所有 1992 年出生的少数民族学生记录。

② 查询结果包含学号、姓名、民族和成绩四个字段。

③ 各记录按学号降序排序。

④ 查询去向为表 one。

⑤ 将查询对应的 SQL 语句存储到文本文件 qry1.txt 中。

【提示】"筛选"选项卡的条件设置如图 5-18 所示。

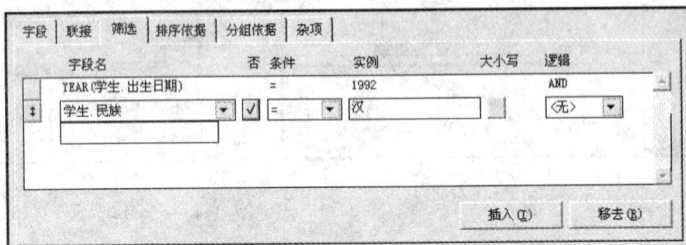

图 5-18　筛选条件设置

（2）使用查询设计器设计一个查询，要求如下。

① 根据学生和选课两个表查询选课数量大于等于两门且平均成绩大于等于 85 分的学生信息。

② 查询结果按平均成绩降序排序，结果存储到表 two 中。

③ 表 two 中的字段分别为：学号、姓名、平均成绩、选课门数。

④ 将查询对应的 SQL 语句存储到文本文件 qry2.txt 中。

【提示】a.字段选项卡设置如图 5-19 所示；b.在"分组"选项卡中按学号分组，在"满足条件"中设置组内条件，如图 5-20 所示。

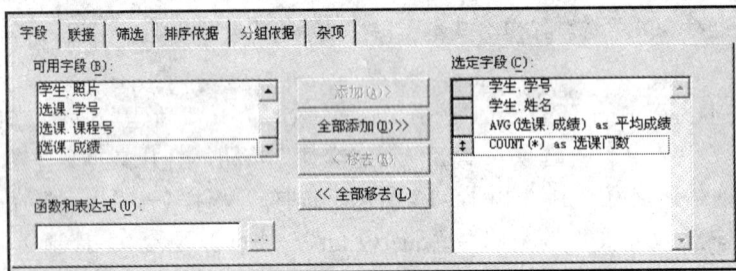

图 5-19　字段选取

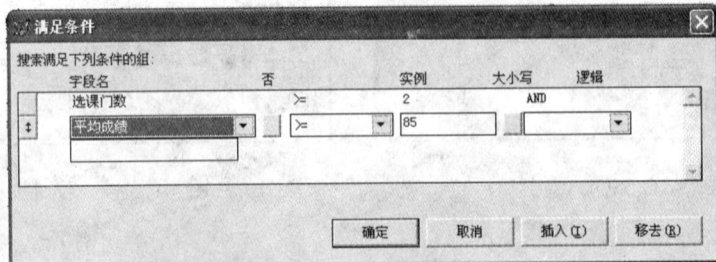

图 5-20　满足条件设置

实验 5.2 视 图 设 计

一、实验目的

（1）理解视图的基本概念和设计过程。

（2）熟练使用"视图设计器"进行视图设计。

二、实验内容及步骤

实验 3 利用视图设计器设计一个视图，要求如下。

（1）基于"工资管理"数据库中的"员工表"和"工资表"建立视图，视图名为"党员工资"。

（2）视图中包含"员工编号"、"姓名"、"党员"、"员工级别"和"应发工资"五个字段。

（3）视图运行结果只显示党员的工资信息。

（4）将视图的查询结果存放在表 view_salary.dbf 中。

【说明】"工资管理"数据库已经给出，如图 5-1 所示。

操作步骤如下：

（1）打开"工资管理"数据库，选择"文件"→"新建"命令，打开"新建"对话框，选择"视图"选项，单击"新建文件"按钮，打开"视图设计器"。添加"员工表"到视图设计中。

（2）在"字段"选项卡中，将字段"员工编号"、"姓名"、"党员"、"部门编号"、"员工级别"添加至"选定字段"列表框中，如图 5-21 所示。

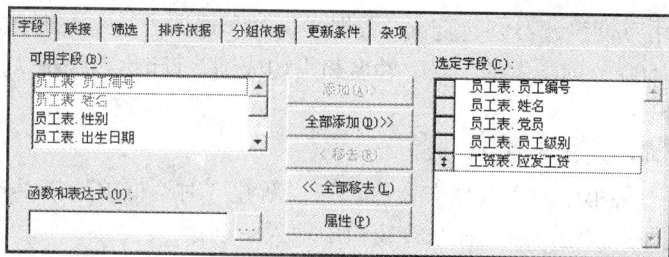

图 5-21 "字段"选项卡

（3）在"筛选"选项卡中设置"党员"字段的筛选条件，如图 5-22 所示。

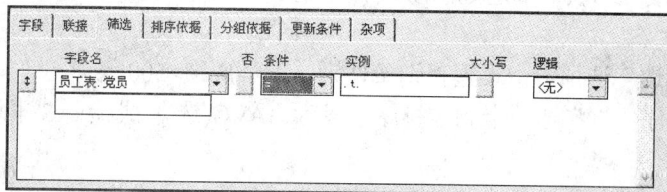

图 5-22 "筛选"选项卡

（4）保存视图，命名为“党员工资”。

【提示】选择“文件”菜单下的“保存”命令，保存视图；或在关闭视图设计器时按提示保存视图。

（5）在命令窗口中写入如下语句。

```
SELECT * FROM 党员工资 INTO TABLE view_salary
```

【提示】视图可以作为 SELECT 语句的数据源。

（6）选择“显示”→“浏览”命令，查看 view_salary 表中的信息，如图 5-23 所示。

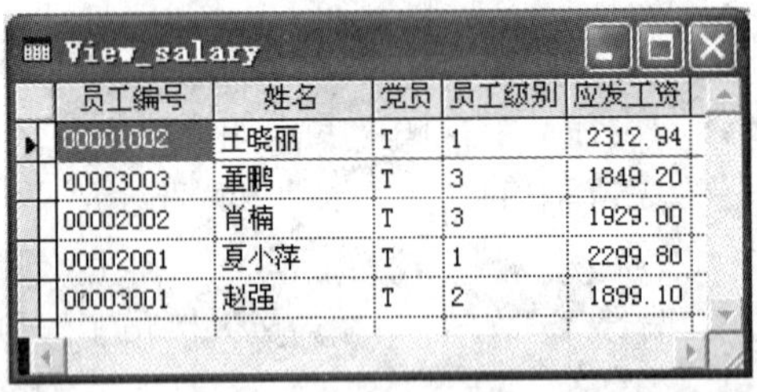
View_salary

员工编号	姓名	党员	员工级别	应发工资
00001002	王晓丽	T	1	2312.94
00003003	董鹏	T	3	1849.20
00002002	肖楠	T	3	1929.00
00002001	夏小萍	T	1	2299.80
00003001	赵强	T	2	1899.10

图 5-23　“view_salary”表信息

实验 5.3　综合应用练习

一、实验目的

掌握 SQL 的综合应用。

二、实验内容及步骤

实验 4　利用查询设计器创建查询，根据学生表和选课表建立查询文件 CX.QPR，查询入学成绩高于 500 分的学生的学号、姓名和平均成绩，查询结果按平均成绩降序排序。

操作步骤如下：

（1）建立查询，打开查询设计器。

选择“文件”菜单中的“新建”命令，在“新建”对话框中选择“查询”单选按钮并单击【新建文件】按钮，或者在命令窗口中输入下列命令：

```
CREATE QUERY CX.QPR
```

（2）添加学生表和选课表。

（3）在“字段”选项卡中选定字段“学生.学号”、“学生.姓名”和“AVG(选课.成绩) AS 平均成绩”。

（4）在“筛选”选项卡中设置查询条件为：入学成绩>500。

（5）在“排序依据”选项卡制定排序字段为“AVG(选课.成绩) AS 平均成绩”，排序选项为降序。

（6）在“分组依据”选项卡设置分组字段为“学生.学号”。

（7）保存并运行查询。

实验 5 建立数据库文件 SJK.DBC，根据教师表和课程表建立视图 V_1，并将 V_1 存储在数据库 SJK 中。

操作步骤如下：

（1）建立数据库文件 SJK.DBC，并打开数据库设计器。

（2）建立视图，打开视图设计器。

选择"文件"菜单中的"新建"命令，在打开的"新建"对话框中选择"视图"单选按钮并单击"新建文件"按钮。或者单击"常用"工具栏中的"新建"按钮，在"新建"对话框中选择"视图"单选按钮并单击"新建文件"按钮。

（3）将教师表和课程表添加到视图设计器中。

（4）设置视图各选项卡的内容。

在"字段"选项卡中选定字段"教师号"、"姓名"、"课程名"，其他选项卡的内容自定。

第6章 表单设计与应用

实验 6.1 表单的创建和运行

一、实验目的

学习并掌握利用表单向导中"一对多表单向导"来创建基于两个具有一对多关系表单，保存表单后运行表单文件的过程。

二、实验内容及步骤

实验 1 在表单向导中选择"一对多表单向导"选项，生成名为 FORM6-1.SCX 的表单。要求从父表"学生"表中选择学号、姓名字段，从子表"选课"表中选择所有字段，使用"学号"建立两表之间的关系，样式为"标准式"，按钮类型为"文本按钮"，按"学号"升序排序，表单标题为"学生成绩管理"。

操作步骤如下：

（1）启动 Visual FoxPro，选择"文件"→"新建"命令，弹出"新建"对话框，如图 6-1 所示。选择"表单"选项，单击"向导"按钮，弹出"向导选取"对话框，如图 6-2 所示。选择"一对多表单向导"，单击"确定"按钮，进入"一对多表单向导"的"步骤 1-从父表中选定字段"，如图 6-3 所示。

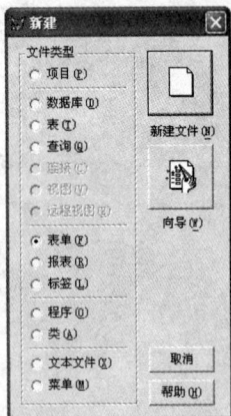

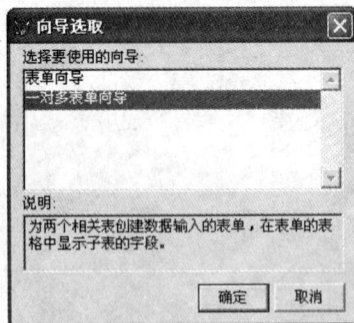

图 6-1 "新建"对话框   图 6-2 "向导选取"对话框

（2）从父表中选择字段。单击"数据库和表"右侧的 按钮，在弹出的"打开"对话框中选择"教学"数据库中的"学生"表，则所有字段显示在"可用字段"下面的列表框中，如图 6-3 所示。选中"学号"、"姓名"、"专业"字段，单击 按钮，将选取字段移到"选定字段"中，如图 6-4 所示。单击"下一步"按钮，进入"一对多表单向导"的

"步骤 2-从子表中选定字段",如图 6-5 所示。

（3）从子表中选定字段。选择子表"选课",单击 ▶ 按钮,将"课程号"、"成绩"字段移到"选定字段"中。单击"下一步"按钮,进入"一对多表单向导"的"步骤 3-建立表之间的关系",如图 6-6 所示。

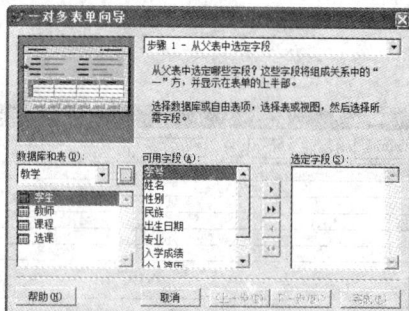

图 6-3　父表字段选择前

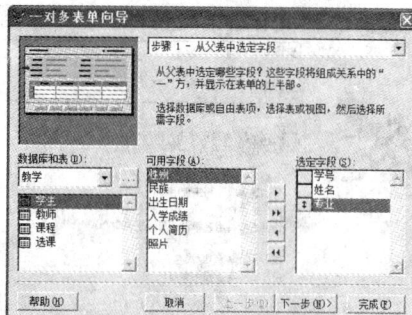

图 6-4　父表字段选择后

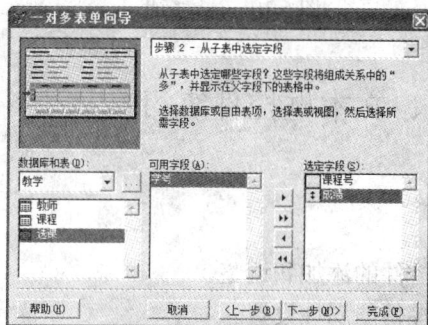

图 6-5　选择子表字段

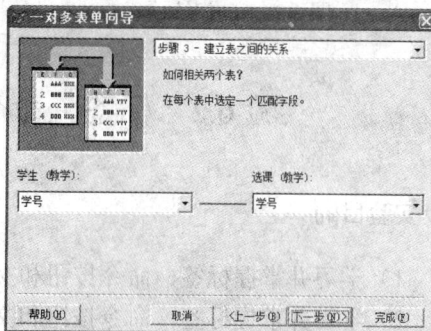

图 6-6　建立表间关系

（4）在"步骤 3-建立表之间关系"对话框中,选择"学号",单击"下一步"按钮,进入"一对多表单向导"的"步骤 4-选择表单样式",如图 6-7 所示。

（5）选择样式为"标准式",选择按钮类型为"文本按钮",单击"下一步"按钮,进入"一对多表单向导"的"步骤 5-排序次序",如图 6-8 所示。

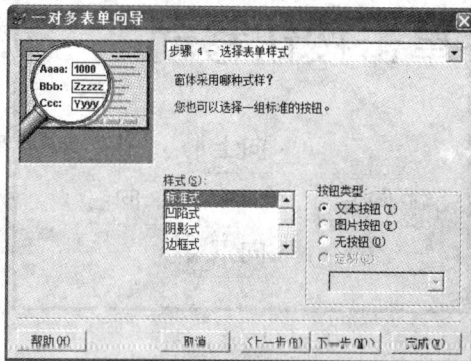

图 6-7　表单样式

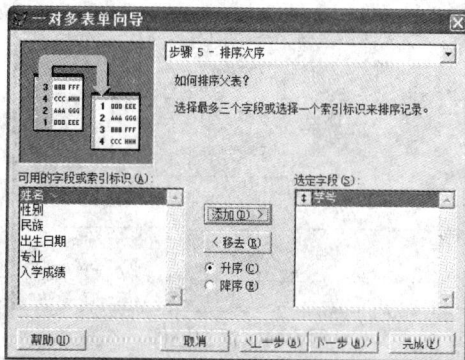

图 6-8　排序次序

（6）将"学号"添加到"选定字段"中，升序排列，如图 6-8 所示。单击"下一步"按钮，进入"一对多表单向导"的"步骤 6-完成"，如图 6-9 所示。

（7）输入表单标题"学生成绩管理"，选择"保存并运行表单"，单击"完成"按钮，保存表单文件名为"FORM6-1.SCX"，运行结果如图 6-10 所示。

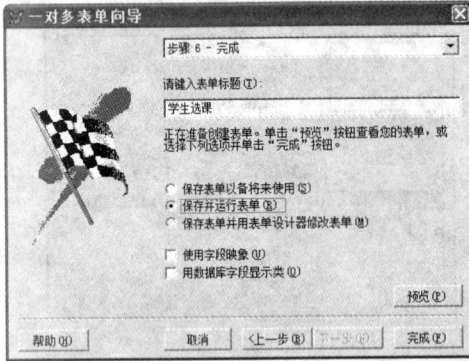

图 6-9　完成对话框

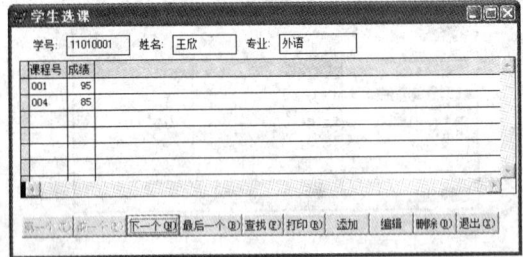

图 6-10　运行结果

实验 6.2　标签、命令按钮、文本框控件练习

一、实验目的

（1）学习并掌握标签、命令按钮和文本框等控件的添加和调整。

（2）学习并掌握标签、命令按钮和文本框等控件的属性设置。

（3）学习并掌握控件功能程序代码的添加。

二、实验内容及步骤

实验 2　在表单中添加一个标签和四个命令按钮，界面设置如图 6-11 所示，运行结果如图 6-12 所示。

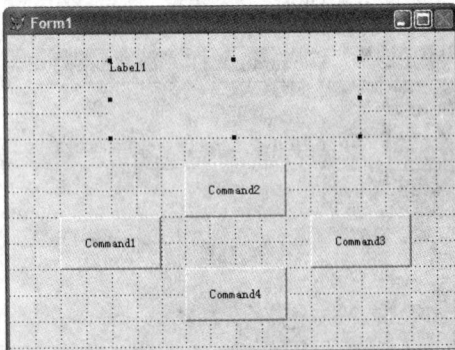

图 6-11　添加控件

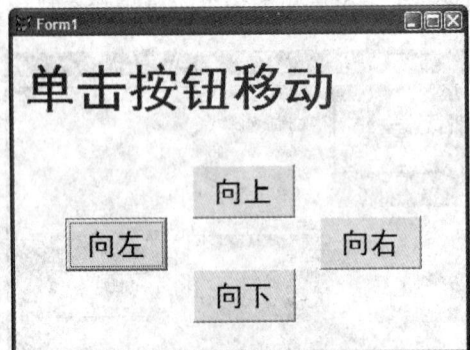

图 6-12　运行结果

具体要求如下:

(1)设置标签 Label1 的标题为"单击按钮移动",字体为黑体,36 号字,自动调整大小,背景为透明。

(2)设置命令按钮 Command1 的标题为"向左",字体为黑体,20 号字;设置命令按钮 Command2 的标题为"向上",字体为黑体,20 号字;设置命令按钮 Command3 的标题为"向右",字体为黑体,20 号字;设置命令按钮 Command4 的标题为"向下",字体为黑体,20 号字。所有命令按钮的高为 49,宽为 96。

(3)当单击一次"向左"按钮后,标签上字体向表单的左侧移动一次;当单击"向右"按钮后,标签上字体向表单的右侧移动一次;当单击一次"向上"按钮后,标签上字体向表单的上方移动一次;当单击一次"向下"按钮后,标签上字体向表单的下方移动一次。

(4)表单的文件名为 FORM6-2.SCX。

操作步骤如下:

(1)新建表单,添加一个标签和四个命令按钮。

(2)属性设置。各个控件的属性设置如表 6-1 所示。

表 6-1 控件属性设置

控件名称	BackColor
Form1	255,255,255

控件名称	Caption	FontName	FontSize	AutoSize	BackStyle
Label1	单击按钮移动	黑体	36	.T.	0

控件名称	Caption	FontName	FontSize	AutoSize	ForeColor
Command1	向左	黑体	20	.T.	0,0,0
Command2	向上	黑体	20	.T.	0,0,0
Command3	向右	黑体	20	.T.	0,0,0
Command4	向下.	黑体	20	.T.	0,0,0

(3)代码设置。

右击控件,在弹出的快捷菜单中选择"代码"命令,打开"代码"窗口。在"对象"下拉列表中选取要设置事件代码的对象名称,在"过程"下拉列表中选取事件名称,在窗口中输入事件代码。

"向左"按钮的 Click 事件代码:

```
Thisform.Label1.left=Thisform.Label1.left-5
```

"向上"按钮的 Click 事件代码:

```
Thisform.Label1.left=Thisform.Label1.left+5
```

"向右"按钮的 Click 事件代码：

```
Thisform.Label1.top=Thisform.Label1.top-5
```

"向下"按钮的 Click 事件代码：

```
Thisform.Label1.top=Thisform.Label1.top+5
```

（4）保存并运行表单。

实验 3　在表单中添加三个文本框、两个标签和四个命令按钮，界面设置如图 6-13 所示，运行结果如图 6-14 所示。

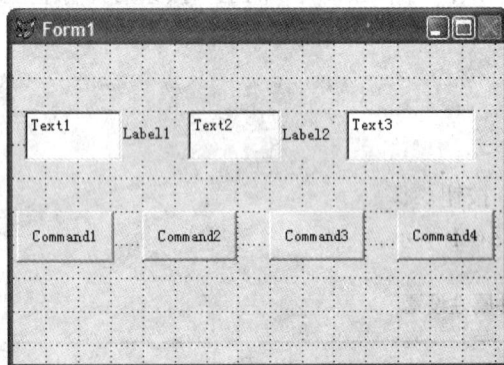

图 6-13　添加控件　　　　　　　　　图 6-14　运行结果

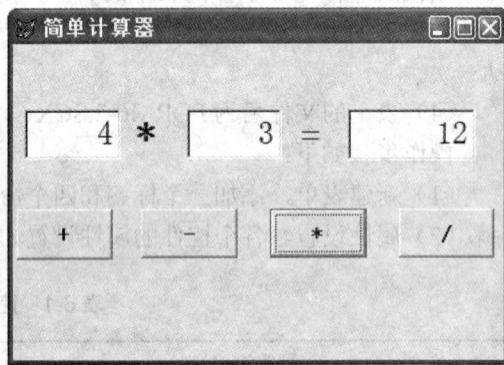

具体要求如下：

（1）设置表单 Form1 的标题为"简单计算器"，高度为 230，宽度为 370，背景色为默认颜色。

（2）设置文本框 Text1～Text3 的高度为 36，宽度为 72，18 号字，数据类型为数值型。

（3）设置标签 Label1 和 Label2 的标题为""，20 号字，背景透明。

（4）设置命令按钮 Command1 的标题为"+"，20 号字，当单击"+"按钮，计算 Text1 的值加 Text1 的值，结果将显示在文本框 Text3 中。

（5）设置命令按钮 Command2 的标题为"–"，20 号字，当单击"–"按钮，计算 Text1 的值减 Text1 的值，结果将显示在文本框 Text3 中。

（6）设置命令按钮 Command3 的标题为"*"，20 号字，当单击"*"按钮，计算 Text1 的值乘 Text1 的值，结果将显示在文本框 Text3 中。

（7）设置命令按钮 Command4 的标题为"/"，20 号字，当单击"/"按钮，计算 Text1 的值除 Text1 的值，结果将显示在文本框 Text3 中。

（8）表单文件名为 FORM6-3.SCX。

操作步骤如下：

（1）新建表单，添加三个文本框、四个命令按钮和两个标签。

（2）属性设置。各个控件的属性设置如表 6-2 所示。

表 6-2 属性设置

控件名称	Caption	Height	Width
Form1	简单计算器	230	370

控件名称	Height	Width	FontSize	Value
Text1～Text3	36	72	18	0

控件名称	Caption	FontSize	BackStyle
Label1～Label2		20	0

控件名称	Caption	FontSize	FontBold
Command1	+	20	T
Command2	–	20	T
Command3	*	20	T
Command4	/	20	T

（3）代码设置。

"+"按钮的 Click 事件代码：

```
Thisform.Text3.Value=(Thisform.Text1.Value+Thisform.Text2.Value)
```

"-"按钮的 Click 事件代码：

```
Thisform.Text3.Value=(Thisform.Text1.Value-Thisform.Text2.Value)
```

"*"按钮的 Click 事件代码：

```
Thisform.Text3.Value=(Thisform.Text1.Value*Thisform.Text2.Value)
```

"/"按钮的 Click 事件代码：

```
Thisform.Text3.Value=(Thisform.Text1.Value/Thisform.Text2.Value)
```

（4）保存并运行表单。

实验 4 在表单中添加一个文本框和五个命令按钮，界面设置如图 6-15 所示，运行结果如图 6-16 所示。

具体要求如下：

（1）设置表单 Text1 的字体大小为 12 号字，加粗。

（2）设置命令按钮 Command1～Command5 的标题为"替换"、"清空"、"掩码"、"恢复"、"退出 E"，字体大小为 12 号字，加粗。

（3）当单击"替换"时，文本框中的文字替换表单标题中的文字；当单击"清空"时，文本框中的文字和表单标题中的文字被清空；当单击"掩码"按钮时，文本框中的文字以占位符"*"显示；当单击"恢复"按钮时，文本框中显示原来的文字；当单击"退出 E"按钮或按 E 键，关闭并释放表单。

【提示】单击"掩码"按钮后，Text1 中的文字以占位符"*"显示，再单击"替换"时，表单标题中的文字仍然显示文字，而不是占位符"*"。

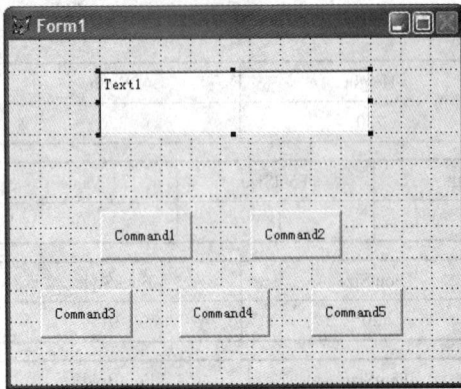

图 6-15　添加控件　　　　　　　　　　图 6-16　运行结果

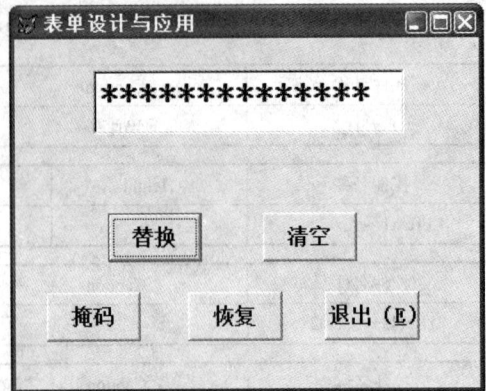

（4）表单文件名为 FORM6-4.SCX。

操作步骤如下：

（1）相关属性：Caption、Value、FontSize、FontBold。

（2）代码设置。

"替换"按钮的 Click 事件代码：

```
Thisform.Caption=Thisform.Text1.value
```

"清空"按钮的 Click 事件代码：

```
Thisform.Caption=""
Thisform.Text1.value=""
```

"掩码"按钮的 Click 事件代码：

```
Thisform.Text1.PasswordChar="*"
```

"恢复"按钮的 Click 事件代码：

```
Thisform.Text1.PasswordChar=""
```

"退出 E"按钮的 Click 事件代码：

```
Thisform.release
```

（3）保存并运行表单。

实验 6.3　编辑框、复选框、列表框和组合框的使用

一、实验目的

（1）掌握编辑框、复选项、列表框和组合框的添加方法。

（2）掌握编辑框、复选项、列表框和组合框的属性设置。

（3）掌握复选项、列表框和组合框的代码设置。

二、实验内容及步骤

实验 5 在表单中添加四个标签、一个列表框、一个编辑框、两个复选框、一个文本框和两个命令按钮，界面设置如图 6-17 所示，运行结果如图 6-18 所示。

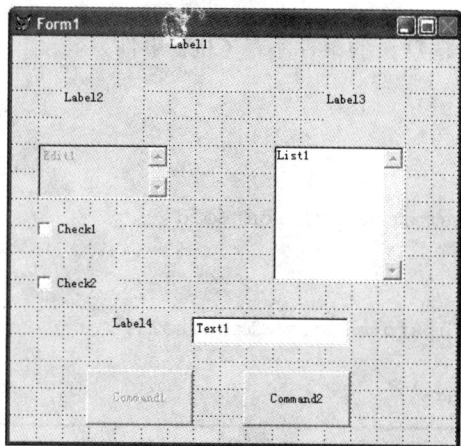

<table>
<tr><td>图 6-17 添加控件</td><td>图 6-18 运行结果</td></tr>
</table>

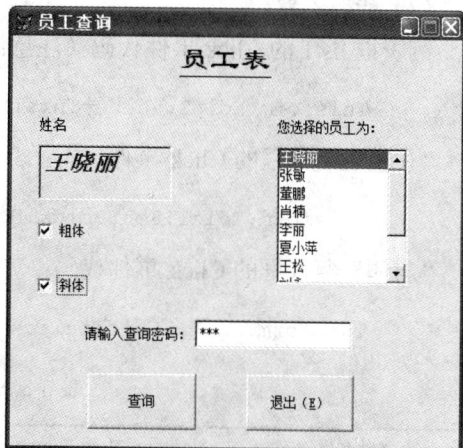

具体要求如下：

（1）设置表单名称为"Form1"，标题为"员工查询"且"最大化"按钮不可用。

（2）设置标签 Label1 的标题为"员工表"，字体为隶书、加下划线、20 号字，居中显示并能自动调整大小；设置标签 Label2 的标题为"姓名"，居中显示并能自动调整大小；设置标签 Label3 的标题为"您选择的员工为："，居中显示并能自动调整大小；设置标签 Label4 的标题为"请输入查询密码："，居中显示示并能自动调整大小。

（3）设置编辑框 Edit1 初始状态为只读、不可用，字体大小为 16 号字，无滚动条。

（4）设置列表框 List1 初始状态不显示内容，当输入正确密码后显示员工表中姓名字段的值。当单击列表框中某一选项时，该选项内容显示在编辑框中。

【提示】设置列表框的 RowSourceType 属性和 RowSource 属性中默认初始状态"无"，其参数在 Command1 按钮中设置。

（5）设置复选框 Check1 和 Check2 的标题为"粗体"、"斜体"，当单击某一个复选框时，编辑框中的文字发生相应的变化。

（6）设置命令按钮 Command1 的标题为"查询"，且此按钮不可用；设置命令按钮 Command2 的标题为"退出（E）"。

（7）设置文本框 Text1 显示占位符*，在文本框中输入密码后，"查询"按钮变为可用状态。

（8）当单击"查询"按钮时，如果输入密码与设定的密码（设定密码为 123）一致时，列表框中显示员工表姓名字段值；如果输入错误，则弹出"密码错误，请重新输入！"消息框；当单击"退出（E）"按钮或按 E 键后，关闭并释放表单。

（9）表单文件名为 FORM6-4.SCX。

操作步骤如下：

（1）新建一个表单，添加四个标签、一个列表框、一个编辑框、两个复选框、一个文本框和两个命令按钮。

（2）属性设置。各个控件的属性设置如表 6-3 所示。

（3）代码设置。

列表框 list1 的 Click 事件代码（注意：列表框默认的事件不是 Click 事件）：

```
Thisform.Edit1.Value=Thisform.List1.Value
```

"加粗"复选框的 Click 事件代码：

```
Thisform.Edit1.FontBold=.Not.Thisform.Edit1.FontBold
```

"斜体"复选框的 Click 事件代码：

```
Thisform.Edit1.FontItalic=.Not.Thisform.Edit1.FontItalic
```

表 6-3　控件属性设置

控件名称	Name	Caption	MaxButton
Form1	Form1	员工查询	.F.

控件名称	Caption	FontName	FontUnderLine	FontSize	Alignment	AutoSize
Label1	员工表	隶书	.T.	20	2-中央	.T.
Label2	姓名				2-中央	.T.
Label3	您选择的员工为：				2-中央	.T.
Label4	请输入查询密码：				2-中央	.T.

控件名称	Readonly	Enabled	FontSize	ScrollBars	RowSourceType	RowSource
Edit1	.T.	.F.	16	0	无	无
List1					无	无

控件名称	Caption	Enabled	PasswordChar
Check1	粗体		
Check2	斜体		
Command1	查询	.F.	
Command2	退出（\<E）		
Text1			*

文本框 Text1 的 Click 事件代码：

```
Thisform.Command1.Enabled=.T.
```

"查询"按钮的 Click 事件代码：

```
If Thisform.Text1.Value="123"
```

```
   Thisform.List1.RowsourceType=6
Thisform.List1.Rowsource=员工.姓名
   Thisform.Edit1.Enabled=.t.
Else
   MessageBox("请输入正确密码","提示")
Endif
```

"退出（E）"按钮的 Click 事件代码如下：

```
Thisform.Release
```

（4）将"员工表"添加到数据环境中

（5）保存并运行表单。

实验 6　在表单中添加两个标签、一个组合框和一个文本框，界面设置如图 6-19 所示，运行结果如图 6-20 所示。

具体要求如下：

（1）设置表单 Form1 的标题为"课程管理系统"。

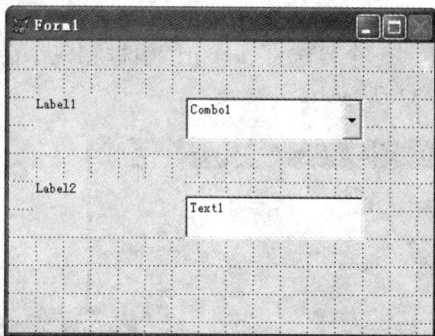

图 6-19　添加控件

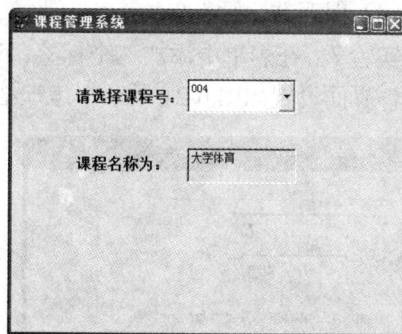

图 6-20　运行结果

（2）将"课程"表添加到数据环境中。

（3）设置标签 Label1 的标题为"请选择课程号："；设置标签 Label2 的标题为"课程名称为："。两个标签上的字体设置为 12 号字，加粗，且能够自动调整大小。

（4）设置文本框 Text1 为只读状态。

（5）设置组合框 Combo1 为下拉列表框，当表单运行后，组合框中显示课程表中的课程号，当用户从组合框中选择了某门课程的课程号，文本框中将显示该课程的名称。

（6）表单文件名为 FORM6-5.SCX。

操作步骤如下：

（1）新建表单，添加两个标签、一个组合框和一个文本框。将"课程表"添加到数据环境中。添加方法：右击表单，选择"数据环境"命令。

（2）属性设置。各个控件的属性设置如表 6-4 所示。

表 6-4　属性设置

控件名称	Caption	FontSize	FontBold	AutoSize
Form1	课程管理系统			
Label1	请选择课程编号：	12	.T.	.T.
Label2	课程名称为：	12	.T.	.T.

控件名称	Readonly	RowSourceType	RowSource	Style
Text1	.T.			
Combo1		6-字段	选课.课程号	2-下拉列表框

（3）代码设置。

组合框 Combo1 的 Click 事件代码（注意：组合框默认的事件不是 Click 事件）：

```
Select 课程名 From 课程 Where 课程号=Thisform.Combo1.Value;
Into Array KCM
Thisform.Text1.Value=KCM
```

（4）保存并运行表单。

实验 7　在表单中添加三个标签、两个组合框、三个复选框、一个编辑框和三个命令按钮，界面设置如图 6-21 所示，运行结果如图 6-22 所示。

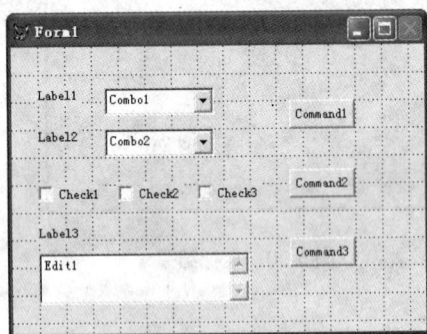

图 6-21　添加控件

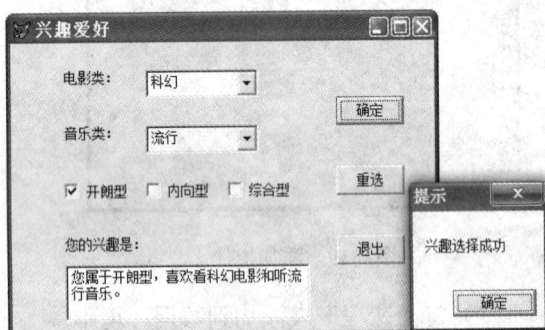

图 6-22　运行结果

具体要求如下：

（1）设置表单 Form1 的标题为"兴趣爱好"。

（2）设置标签 Label1 的标题为"电影类："，并能自动调整大小；设置标签 Label2 的标题为"音乐类："，并能自动调整大小；设置标签 Label3 的标题为"您的兴趣是："，并能自动调整大小。

（3）设置组合框 Combo1 为下拉列表框，当表单运行后，组合框中显示四个可选值"动作"、"科幻"、"搞笑"、"故事"；设置组合框 Combo2 为下拉列表框，当表单运行后，组合框中显示四个可选值"流行"、"古典"、"激情"、"民歌"。

【提示】设置组合框的 RowSourceType 属性为"1-值"，在 RowSource 属性中输入可选项，选项间用英文半角逗号分隔，输入时不要输入引号。

（4）设置命令按钮 Command1 的标题为"确定"，且此按钮不可用；设置命令按钮 Command2 的标题为"重选"；设置命令按钮 Command3 的标题为"退出"。

（5）设置编辑框 Edit1 无滚动条。

（6）设置复选框 Check1～Check3 的标题为"开朗型"、"内向型"、"综合型"，当单击某一复选框时，"确定"按钮变为可用状态，且编辑框中显示用户所设置的内容，如您属于开朗型，喜欢看搞笑电影和听流行音乐。

（7）当单击"确定"按钮时，弹出"兴趣选择成功"消息框；当单击"重选"按钮时，清除所有选项；当单击"退出"按钮后，关闭并释放表单。

（8）表单文件名为 FORM6-6.SCX。

操作提示如下：

（1）相关属性：Caption、AutoSize、Style、RowSourceType、RowSource、Enabled、ScrollBars。

（2）代码设置。

"开朗型"、"内向型"和"综合型"三个复选框的代码类似，其中"开朗型"复选框的 Click 事件代码如下：

```
Thisform.Command1.Enabled=.T.
Thisform.Edit1.Value="您属于开朗型，喜欢看"+Thisform.Combo1.Value+"电影和听"+Thisform.Combo2. Value+"音乐。"
```

"确定"按钮的 Click 事件代码：

```
Messagebox("兴趣选择成功","提示")
```

"重选"按钮的 Click 事件代码：

```
Thisform.Combo1.Value=""
Thisform.Combo2.Value=""
Thisform.Check1.Value=0
Thisform.Check2.Value=0
Thisform.Check3.Value=0
Thisform.Edit1.Value=""
```

（3）保存并运行表单。

实验 6.4　计时器和微调控件的使用

一、实验目的

（1）掌握计时器和微调控件的添加方法。

（2）掌握计时器和微调控件的属性设置。

（3）掌握计时器的代码设置。

二、实验内容及步骤

实验 8　在表单中添加两个标签、一个计时器和三个命令按钮，界面设置如图 6-23 所示，运行结果如图 6-24 所示。

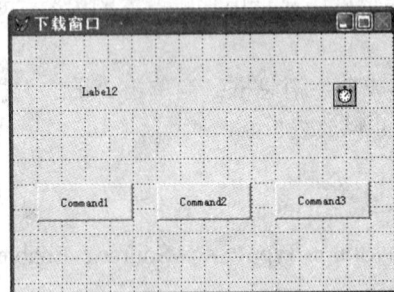

图 6-23　添加控件　　　　　　　　　　图 6-24　运行结果

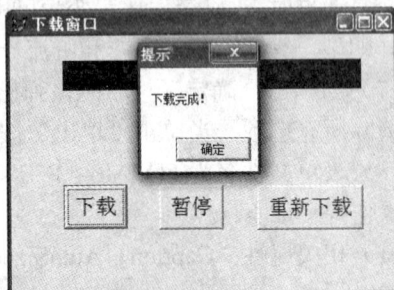

具体要求如下：

（1）设置表单 Form1 的标题为"下载窗口"。

（2）清空标签 Label1 和 Label2 的标题；设置 Label2 和 Label1 相同大小；位置重叠，Label1 在下 Label2 在上；设置 Label2 颜色为默认，Label1 背景色为蓝色。

（3）设置计时器 Timer1 的时间间隔为 50 毫秒。

（4）设置命令按钮 Command1 的标题为"下载"，16 号字，自动调整大小；设置命令按钮 Command2 的标题为"暂停"，16 号字，自动调整大小；设置命令按钮 Command3 的标题为"重新下载"，16 号字，自动调整大小。

（5）当单击"下载"按钮后，显示下载进度；当单击"暂停"按钮后，下载进度暂停；当单击"重新下载"按钮后，下载进度复位。

（6）表单文件名为 FORM6-7.SCX。

操作步骤如下：

（1）新建表单，添加两个标签、一个计时器和三个命令按钮。

（2）属性设置。各个控件的属性设置如表 6-5 所示。

表 6-5　属性设置

控件名称	Caption	FontSize	AutoSize	Interval	Height	Width	Left	Top
Form1	下载窗口				250	385		
Label1	清空				30	300	50	25
Label2	清空				30	300	50	25
Timer1				0				
Command1	下载	16	.T.					
Command2	暂停	16	.T.					
Command3	重新下载	16	.T.					

（3）代码设置。

【提示】计时器控件每隔50毫秒触发一次Timer事件，如果将计时器控件的Interval属性设置为0，将停止触发Timer事件。

计时器控件 Timer1 的 Timer 事件代码：

```
If Thisform.Label2.Left<Thisform.Label1.Left+300
    Thisform.Label2.Left=Thisform.Label2.Left+3
Else
    messagebox("下载完成!","提示")
    Thisform.Release
Endif
```

"暂停"按钮的 Click 事件代码：

```
Thisform.Timer1.Interval=0
```

"下载"按钮的 Click 事件代码：

```
Thisform.Timer1.Interval=50
```

"重新下载"按钮的 Click 事件代码：

```
Thisform.Label2.Left=Thisform.Label1.Left
```

（4）保存并运行表单。

实验 9　修改实验 6.3 中的表单 FORM6-6.SCX，在表单中添加一个标签和一个微调控件，界面设置如图 6-25 所示，运行结果如图 6-26 所示。

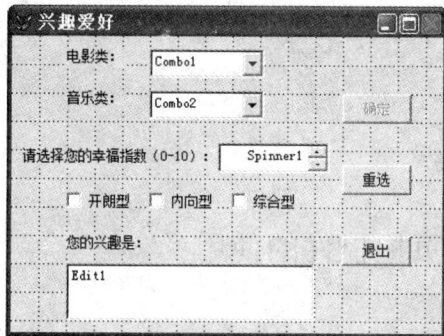

图 6-25　添加控件

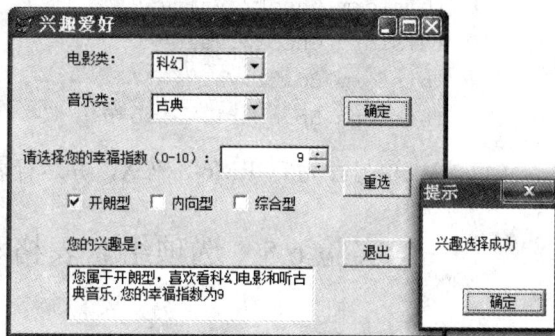

图 6-26　运行结果

具体要求如下：

（1）设置标签 Label1 的标题为"请选择幸福指数（0-10）："，并能自动调整大小。

（2）微调控件 Spinner1 可以设置的最小值为 0，最大值为 10。

（3）当单击某一复选框时，"确定"按钮变为可用状态，且编辑框中显示用户所设置的内容，如您属于开朗型，喜欢看搞笑电影和听流行音乐，您的幸福指数为 10。

（4）另存表单文件名为 FORM6-8.SCX。

操作步骤如下：

（1）打开表单 FORM6-6.SCX，添加一个标签和一个微调控件。

（2）属性设置。标签和微调控件的属性设置如表 6-6 所示。

表 6-6　属性设置

控件名称	Caption	AutoSize	SpinnerLowValue	SpinnerHighValue
Label1	请选择幸福指数（0-10）：	.T.		
Spinner1			0	10

（3）代码设置。

"开朗型"、"内向型"和"综合型"三个复选框的代码类似，其中"开朗型"复选框的 Click 事件代码如下：

```
Thisform.Command1.Enabled=.T.
Thisform.Edit1.Value="您属于开朗型，喜欢看"+;
Thisform.Combo1.Value+"电影和听"+;
Thisform.Combo2. Value+"音乐,您的幸福指数为"+;
Alltrim(Str(Thisform.Spinner1.Value))
```

"重选"按钮的 Click 事件代码：

```
Thisform.Combo1.Value=""
Thisform.Combo2.Value=""
Thisform.Check1.Value=0
Thisform.Check2.Value=0
Thisform.Check3.Value=0
Thisform.Edit1.Value=""
Thisform.Spinner1.Value=0
```

（4）将表单另存为 FORM6-8.SCX，并运行表单。

实验 6.5　选项组、表格和页框控件的使用

一、实验目的

（1）掌握选项组、表格和页框控件的添加方法。

（2）掌握选项组、表格和页框控件的属性设置。

（3）掌握选项组和表格的代码设置。

二、实验内容及步骤

实验 10　在表单中添加一个标签和一个页框控件，页框中有三个页面，在每页中分别添加一个选项组，界面设置如图 6-27 所示，运行结果如图 6-28 所示。

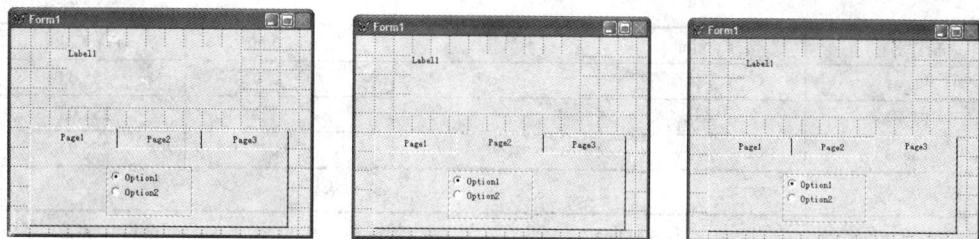

图 6-27　添加控件

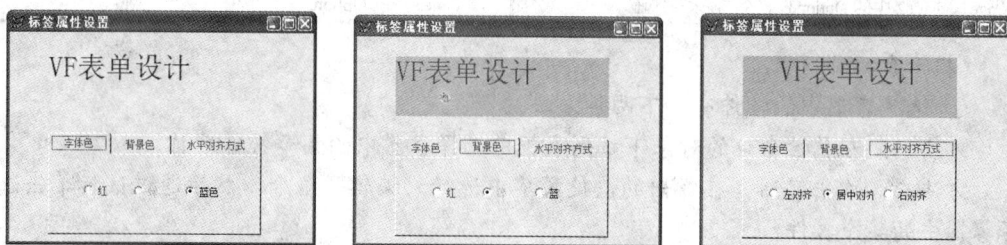

图 6-28　运行结果

具体要求如下：

（1）设置表单 Form1 的标题为"标签属性设置"。

（2）设置标签 Label1 的初始值为"VF 表单设计"。

（3）设置页框控件 PageFrame1 包含三个页面，"Page1"、"Page2"、"Page3"。

（4）设置页面"Page1"的标题为"字体色"，字体颜色为红色。在该页中添加选项组控件 Optiongroup1，选项组包括三个选项按钮；设置选项按钮 Option1～Option3 的标题为"红"、"绿"、"蓝"；选项组的边框样式为"无"，水平排列。

（5）设置页面"Page2"的标题为"背景色"，字体颜色为红色。在该页中添加选项组控件 Optiongroup1，选项组包括三个选项按钮；设置选项按钮 Option1～Option3 的标题为"红"、"绿"、"蓝"；选项组的边框样式为"无"，水平排列。

（6）设置页面"Page3"的标题为"水平对齐方式"，字体颜色为红色。在该页中添加选项组控件 Optiongroup1，选项组包括三个选项按钮；设置选项按钮 Option1～Option3 的标题为"左对齐"、"居中对齐"、"右对齐"；选项组的边框样式为"无"，水平排列。

（7）表单文件名为 FORM6-9.SCX。

操作步骤如下：

（1）新建表单，添加一个标签和一个页框控件。

（2）属性设置。各个控件的属性设置如表 6-7 所示。

表 6-7　属性设置

控件名称	Caption	Value	PageCount	ForeColor
Form1	标签属性设置			
Label1		VF 表单设计		
PageFrame1			3	

续表

控件名称	Caption	Value	PageCount	ForeColor
Page1	字体			255,0,0
Page2	字号			255,0,0
Page3	字型			255,0,0

控件名称	Caption	控件名称	Caption
Page1、Page2 中的 Option1	红	Page3 中的 Option1	20
Page1、Page2 中的 Option2	绿	Page3 中的 Option2	30
Page1、Page2 中的 Option3	蓝	Page3 中的 Option3	40

【提示】

① 选择容器中的控件有如下两种方法。

方法一：在属性窗口的对象下拉列表框中选择容器中的某个控件名称。

方法二：右击容器，在弹出的快捷菜单中选择"编辑"命令，然后通过鼠标单击选择容器中的某个控件。

② 选项组的主要属性可以通过选项组生成器设定。右击选项组，选择"生成器"命令。

（3）代码设置。

Page1 中"红"选项按钮的 Click 事件代码：

```
Thisform.Label1.ForeColor=RGB(255,0,0)
```

Page1 中"绿"选项按钮的 Click 事件代码：

```
Thisform.Label1.ForeColor=RGB(0,255,0)
```

Page1 中"蓝"选项按钮的 Click 事件代码：

```
Thisform.Label1.ForeColor=RGB(0,0,255)
```

Page2 中"红"选项按钮的 Click 事件代码：

```
Thisform.Label1.BackColor=RGB(255,0,0)
```

Page2 中"绿"选项按钮的 Click 事件代码：

```
Thisform.Label1.BackColor=RGB(0,255,0)
```

Page2 中"蓝"选项按钮的 Click 事件代码：

```
Thisform.Label1.BackColor=RGB(0,0,255)
```

Page3 中"左对齐"选项按钮的 Click 事件代码：

```
Thisform.Label1.Alignment=0
```

Page3 中"居中对齐"选项按钮的 Click 事件代码：

```
Thisform.Label1.Alignment=2
```

Page3 中 "右对齐" 选项按钮的 Click 事件代码：

```
Thisform.Label1.Alignment=1
```

（4）保存并运行表单。

实验 11 在表单中添加三个标签、一个组合框、两个文本框、一个表格控件和两个命令按钮，界面设置如图 6-29 所示，运行结果如图 6-30 所示。

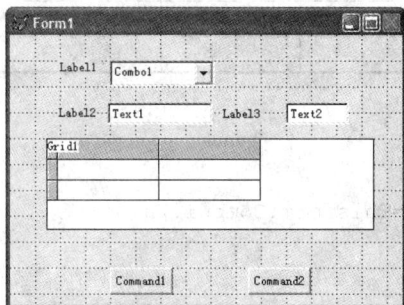

图 6-29 添加控件　　　　　　　　图 6-30 运行结果

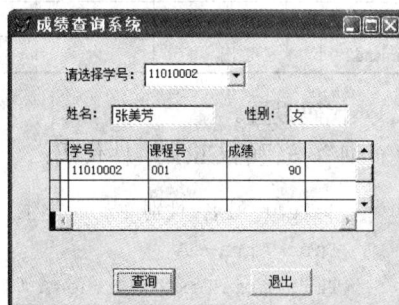

具体要求如下：

（1）设置表单 Form1 的标题为 "成绩查询系统"。

（2）将 "学生" 表添加到数据环境中。

（3）设置标签 Label1 的标题为 "请选择学号："，并能自动调整大小；设置标签 Label2 的标题为 "姓名："，并能自动调整大小；设置标签 Label3 的标题为 "性别："，并能自动调整大小。

（4）设置组合框 Combo1 为下拉列表框，当表单运行后，组合框中显示学生表中的学号。

（5）设置表格 Grid1 的数据源类型为 "4-SQL 说明"。

（6）设置命令按钮 Command1 的标题为 "查询"；设置命令按钮 Command2 的标题为 "退出"。

（7）在组合框中选择学号后，单击 "查询" 按钮，分别在Text1和Text2中显示该学生的姓名和性别，同时在下方表格中显示该学生的课程信息。

（8）单击 "退出" 按钮，关闭并释放表单。

（9）表单文件名为 FORM6-10.SCX。

操作步骤如下：

（1）新建表单，添加三个标签、一个组合框、两个文本框、一个表格和两个命令按钮。将 "学生" 表添加到数据环境中。添加方法：右击表单，选择 "数据环境" 命令。

（2）属性设置。各个控件的属性设置如表 6-8 所示。

表 6-8 属性设置

控件名称	Caption	AutoSize	Style	RowSourceType	RowSource	RecordSourceType
Form1	成绩查询系统					

续表

控件名称	Caption	AutoSize	Style	RowSourceType	RowSource	RecordSourceType
Label1	请选择学号:	.T.				
Label2	姓名:	.T.				
Label3	性别:	.T.				
Combo1			2	6-字段	学生.学号	
Grid1						4-SQL 说明
Command1	查询					
Command2	退出					

（3）代码设置。

"查询"按钮的 Click 事件代码：

```
Select 姓名,性别 From 学生 Where 学号=Thisform.Combo1.Value;
Into Array A
Thisform.Text1.Value=A(1)
Thisform.Text2.Value=A(2)
Thisform.Grid1.Recordsource="Select * From 选课;
Where 学号=Thisform.Combo1.Value Into Cursor Cjd"
```

"退出"按钮的 Click 事件代码：

```
Thisform.Release
```

（4）保存并运行表单。

实验 12　在表单中添加一个页框控件，该页框含有三个页面，界面设置如图 6-31 所示，运行结果如图 6-32 所示。

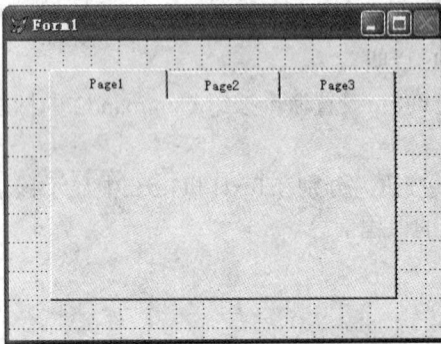

图 6-31　添加控件　　　　　　　　　　　　图 6-32　运行结果

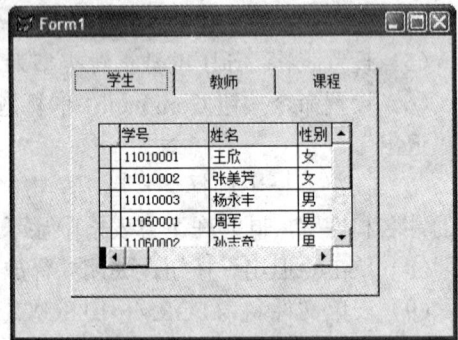

具体要求如下：

（1）设置页框控件 PageFrame1 包含三个页面："Page1"、"Page2"、"Page3"。

（2）设置页面的标题依次为"学生表"（Page1）、"教师表"（Page2）、"课程表"（Page3）。

（3）将"学生表"、"教师表"和"课程表"添加到数据环境中。

（4）在每个页面中以表格的形式浏览相应数据表的信息。

（5）表单文件名为 FORM6-11.SCX。

操作提示如下：

（1）相关属性：PageCount、Caption。

（2）在 Page1 中添加数据表的方法：选中页面 Page1，将"数据环境"中的"学生表"拖曳到其中即可。

（3）保存并运行表单。

实验 6.6　自 定 义 类

一、实验目的

（1）掌握创建自定义类的过程。

（2）掌握使用自定义类的方法。

二、实验内容及步骤

实验 13　扩展基类 Label，创建一个名为 newlabel 的新类。新类保存在名为 myclass 的类库中。设置新类的 FontName 属性的默认值为"楷体"，FontSize 属性的默认值为 24，Value 属性的默认值为"Label 新类"。

新建一个表单 FORM6-12.SCX，在表单中添加一个基于新类 newlabel 的标签，如图 6-33 所示。

操作步骤如下：

（1）选择"文件"→"新建"命令，打开"新建"对话框，选择"类"，单击"新建文件"按钮。

（2）打开"新建类"对话框，根据题目要求，设置内容如图 6-34 所示。

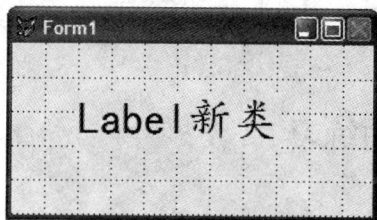

图 6-33　添加新类

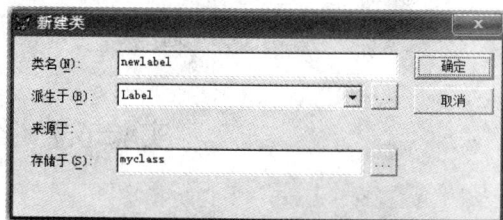

图 6-34　"新建类"对话框设置

（3）单击"确定"按钮，打开"类设计器"。修改新类的 FontName 属性为"楷体"，FontSize 属性为 24，Value 属性值为"Label 新类"。对新类设置后的效果如图 6-35 所示。

（4）单击工具栏上的"保存"按钮，保存新创建的类。

（5）新建一个表单，在"表单控件"工具栏中单击"查看类"按钮，在弹出的菜单中选择"添加"命令，在"打开"对话框中选择类库文件 myclass.vcx，单击"打开"按钮后，"表单控件"工具栏中将显示新类 newlabel，如图 6-36 所示。

（6）将新类添加到表单中，保存并运行表单。

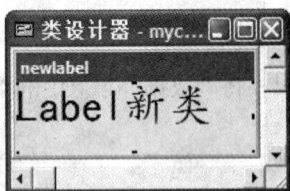

图 6-35　新类设置后的效果

图 6-36　工具栏中的自定义类

实验 14　修改新类 newlabel，将其字型设置为"斜体"。

操作步骤如下：

（1）选择"文件"→"打开"命令，在"打开"对话框中设置文件类型为"可视类库（*.vcx）"，选择文件 myclass.vcx，单击"确定"按钮。

（2）在"打开"对话框中选择类库文件 myclass.vcx，并在右侧的"类名"列表中选择 newlabel，如图 6-37 所示。

（3）单击"打开"按钮，打开"类设计器"。修改新类 newlabel 的 FontItalic 属性为"T."，单击工具栏上的"保存"按钮保存所做的修改。

（4）打开表单 FORM6-12.SCX，表单中将显示已修改过的新类，如图 6-38 所示。

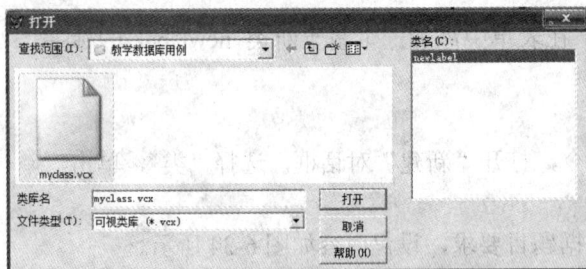

图 6-37　选择类名

图 6-38　应用修改的类

实验 6.7　综合应用练习

一、实验目的

掌握表单及各种控件的综合应用。

二、实验内容及步骤

实验 15　打开表单 FORM1，如图 6-39 所示，表单中包含一个标签、一个文本框、一个表格和两个命令按钮，按要求完成以下操作。

（1）通过"属性"窗口，将表格 Grid1 的 RecordSourceType 属性值设置为"4-SQL说明"。

（2）编写"确定"按钮的 Click 事件代码，当单击该按钮时，表格 Grid1 中将显示文本框 Text1 中指定的学号的信息（包括姓名、性别、专业、出生日期、课程名、成绩等信息）。

（3）单击"关闭"按钮，关闭并释放表单。

实验 16　建立表单 FORM1，表单中包含两个标签、两个命令按钮、一个选项按钮组、一个组合框，如图 6-40 所示。

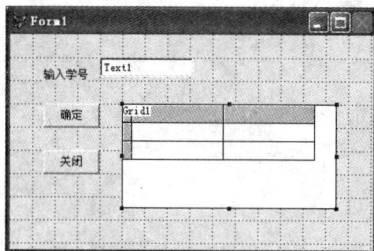

图 6-39　练习 6.1 表单　　　　　　图 6-40　练习 6.2 表单

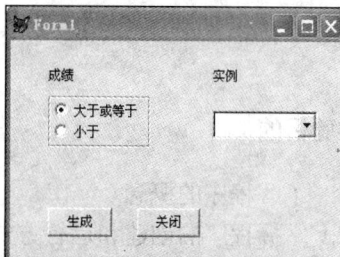

（1）将组合框的 RowSourceType 和 RowSource 属性设置为 5 和 a，然后在表单的 Load 事件代码中定义数组 a 并赋值，使得程序在开始运行时，组合框中有可以选择的成绩"实例"为 60、70 和 80。

（2）编写"生成"按钮的 Click 事件代码，当表单运行时，根据选项按钮组和组合框中选定的值，将"课程"表中成绩满足条件的所有记录存入自由表 ss.dbf 中，表中的记录按成绩降序排序，成绩相同按学号升序排序。

（3）单击"关闭"按钮，释放表单。

实验 17　建立表单 MYFORM，在表单中添加表格控件，并通过该控件显示"教师"表的内容（要求 RecordSourceType 属性必须为 0）。

实验 18　建立一个文件名和表单名均为 ONE 的表单文件，表单上有表格控件 Grid1（RecordSourceType 属性手工设置为"别名"），再添加一个文本框 Text1，一个命令按钮 Command1，标题为"确定"，程序运行后，在文本框中输入学号，然后单击"确定"按钮，统计该学生所选课程成绩的总分和平均分，保存在以该学号命名的 dbf 文件的同时，在 Grid1 控件中显示计算的结果。

实验 19　打开"教学"数据库，完成如下操作。

（1）设计一个表单，表单上包含四个选项卡的页框（PageFrame1）控件和一个"关闭"命令按钮。

（2）为表单建立数据环境，向表单中依次添加"学生"表、"教师"表、"选课"表和"课程"表。

（3）要求表单的高度和宽度分别为 300 和 500，表单显示时自动在主窗口内居中。

（4）页框上四个选项卡的标题分别为"学生表"、"教师表"、"选课表"和"课程表"，每个选项卡分别以表格的形式浏览相应数据表的信息，选项卡位于表单左边距 20，顶边距 15，选项卡的高度和宽度分别为 220 和 420。

（5）单击"关闭"按钮，关闭并释放表单。

第 7 章　程序设计基础

实验 7.1　顺序结构程序设计

一、实验目的

(1) 了解程序的概念。
(2) 掌握程序的创建和运行方式。
(3) 掌握交互命令 ACCEPT、INPUT 的使用。

二、实验内容及步骤

实验 1　编写程序 prog1-1.prg，输入圆的半径，计算圆的面积和周长并输出。
(1) 新建一个程序文件，在程序文件编辑窗口中输入如下程序语句。

```
CLEAR
C=0
S=0
INPUT "请输入圆的半径: " TO R
C=2*PI()*R
S=PI()*R*R
? "圆的周长是: ",C
? "圆的面积是: ",S
RETURN
```

【提示】新建程序文件可以使用"文件"→"新建"命令实现，也可以通过在命令窗口中输入"MODIFY COMMAND ＜程序文件名＞"命令实现。
(2) 保存程序，程序文件名为 prog1-1.prg。
【技巧】按 Ctrl+W 组合键可以保存程序。
(3) 运行程序，程序运行结果如图 7-1 所示。

请输入圆的半径: 65	
圆的周长是:	408.41
圆的面积是:	13273.23

图 7-1　程序运行结果

【提示】运行程序可以通过单击工具栏上的"！"按钮实现，也可以通过在命令窗口中执行命令"DO ＜程序文件名＞"来实现。
【思考】
① 建立和运行程序还有哪些不同的方式?
② 如果将程序中的交互语句 INPUT 改为 ACCEPT，程序还能正确运行吗?

编程练习 1: 编写程序 proglx1-1.prg，要求: 用 INPUT 语句输入两个日期，计算并显示两个日期相差的天数。

【提示】INPUT 语句输入日期时要使用严格日期格式，如{^YYYY-MM-DD}。

实验2 编写程序 prog1-2.prg，在学生表中，按学号查询相应学生的基本信息。

（1）新建一个程序文件，输入如下程序代码。

```
CLEAR
USE 学生
ACCEPT "请输入学号：" TO XH
LOCATE FOR XH=学号
?"学号：",学号
?"姓名：",姓名
?"性别：",性别
?"民族：",民族
?"出生日期：",出生日期
?"专业：",专业
USE
RETURN
```

（2）保存程序，程序文件名为 prog1-2.prg。

（3）运行程序，按提示输入学号，如输入 11010001 并按 Enter 键，则显示结果如图 7-2 所示。

【思考】若学号不存在，程序结果会怎样显示？这种显示方式是理想的吗？

编程练习 2：编写程序 proglx1-2.prg，要求：输入学生姓名，并在学生表中查找该学生的记录，最后显示找到的学生的性别和出生日期信息。

```
请输入学号：11010001

学号：   11010001
姓名：   王欣
性别：   女
民族：   汉
出生日期： 10/11/92
专业：   外语
```

图 7-2 程序运行结果

实验 7.2 选择结构程序设计

一、实验目的

（1）掌握选择结构的程序设计方法。

（2）掌握条件语句、情况语句的使用。

二、实验内容及步骤

实验3 编写程序 prog2-1.prg，完善实验 1 中的程序 prog1-1.prg，使其输入非正数时，不进行计算和显示。

（1）新建一个程序文件，将程序 prog1-1.prg 中的代码复制粘贴到该程序中，在该程序中加入 IF 的单分支结构语句，新程序代码如下。

```
CLEAR
C=0
```

```
S=0
INPUT "请输入圆的半径: " TO R
IF R>0                          &&新增加的 IF 单分支语句的开始
C=2*PI()*R
S=PI()*R*R
? "圆的周长是: ",C
? "圆的面积是: ",S
ENDIF                           &&新增加的 IF 单分支语句的结束
RETURN
```

（2）保存程序，程序文件名为 prog2-1.prg。然后运行程序，输入正数查看运行结果。

【思考】若输入带有非正数的数据，程序的运行结果是什么？

实验 4　编写程序 prog2-2.prg，完善上面的程序 prog2-1.prg，使其输入非正整数时，提示出错信息。

（1）新建一个程序文件，将程序 prog2-1.prg 中的代码复制粘贴到该程序中，在该程序中加入 IF 的双分支结构语句，新程序代码如下。

```
CLEAR
C=0
S=0
INPUT "请输入圆的半径: " TO R
IF R>0                          &&新增加的 IF 单分支语句的开始
C=2*PI()*R
S=PI()*R*R
? "圆的周长是: ",C
? "圆的面积是: ",S
ELSE                            &&新增加的 IF 双单分支 ELSE 语句
MESSAGEBOX("输入非法数据，请输入正数！")
ENDIF                           &&新增加的 IF 单分支语句的结束
RETURN
```

（2）保存程序，程序文件名为 prog2-2.prg。然后运行程序，输入三个正数查看运行结果。再输入带有非正数的数据，则显示对话框进行报错。

实验 5　编写程序 prog2-3.prg，根据输入的教师号查询教师基本信息。

（1）新建一个程序文件，输入如下程序代码。

```
USE 教师
ACCEPT "请输入教师号: " TO JSH
LOCATE FOR 教师号=JSH
IF FOUND()
    SELECT 教师号,姓名, 职称 FROM 教师 WHERE 教师号=JSH
ELSE
    WAIT "您输入的教师号不存在！"
```

```
        ENDIF
        USE
        RETURN
```

（2）保存程序，程序文件名为 prog2-3.prg。然后运行程序，提示输入教师号，如果输入的教师号在教师表中不存在，输出"您输入的教师号不存在！"，如果输入的教师号在教师表中存在，则输出该教师的教师号、姓名和职称三个字段的值。如运行时输入 230001，则结果如图 7-3 所示。

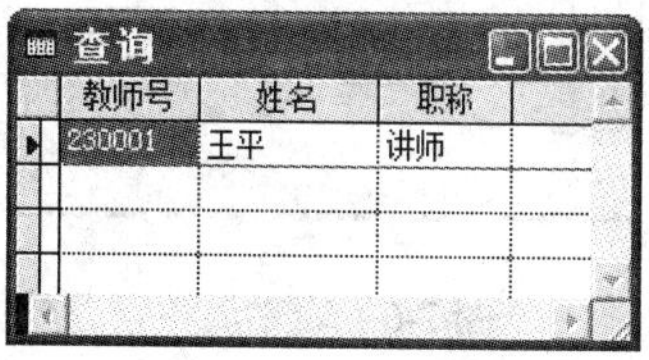

图 7-3　程序运行结果

实验 6　设计如图 7-4 所示的表单 myform7-1.scx，要求在选项按钮组中选择查询的内容，当单击"查询"按钮，则查询对应的信息。

（1）创建一个表单，添加一个选项按钮组，将其 ButtonCount 属性设置为 4，将组内的选项按钮 Option1、Option2、Option3 和 Option4 的标题（Caption）分别设置为"教师号"、"姓名"、"职称"和"年龄"。添加一个命令按钮，其标题设置为"查询"。

（2）为"查询"按钮的 Click 事件过程添加如下代码。

```
        DO CASE
            CASE THISFORM.OptionGroup1.Value=1
                SELECT 教师号 FROM 教师表
            CASE THISFORM.OptionGroup1.Value=2
                SELECT 姓名 FROM 教师表
            CASE THISFORM.OptionGroup1.Value=3
                SELECT 职称 FROM 教师表
            CASE THISFORM.OptionGroup1.Value=4
                SELECT 年龄 FROM 教师表
        ENDCASE
```

（3）保存表单，表单文件名为 myform7-1.scx。运行表单，当选择"姓名"选项，并单击"确定"时，其查询结果如图 7-5 所示。

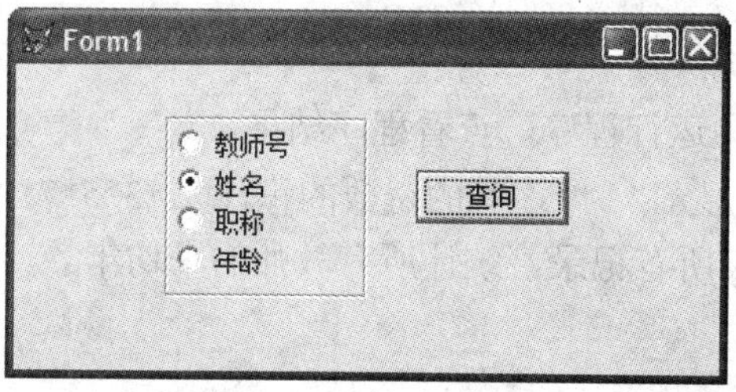

图 7-4　表单属性设置效果 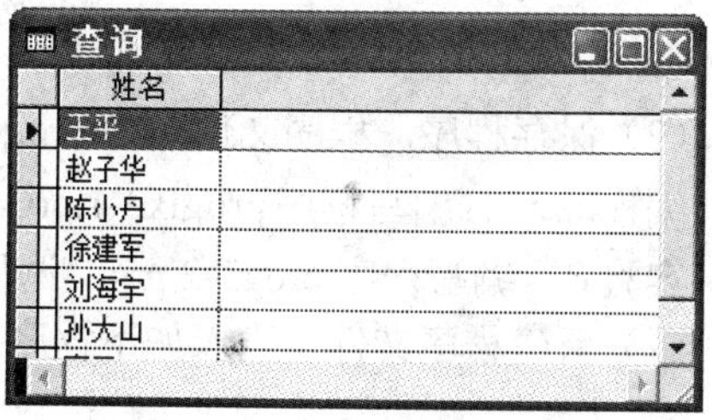　　　　　　　图 7-5　程序运行结果

编程练习：设计如图 7-6 所示的表单 myform7-2.scx，要求如下。

（1）在表单中添加一个选项按钮组，含三个选项，标题分别为"学生表"、"教师表"和"课程表"。再添加一个命令按钮，标题为"备份"。

图 7-6　表单属性设置效果

（2）为"备份"按钮的单击事件过程编写程序，使得表单运行以后，在选项中选择某表，并单击"备份"按钮，则为选中的表生成一个副本。副本表文件名为原始表名后再添个"副"字。例如，选中"学生"表，则备份生成的文件名为"学生副"表。

【提示】查询所用的 SELECT 语句要使用查询去向子句，如"学生"表选项的 Click 事件代码如下：

```
SELECT * FROM 学生 INTO DBF 学生副表
```

实验 7.3　循环结构程序设计

一、实验目的

（1）熟练掌握 DO WHILE-ENDDO 循环结构的应用。
（2）掌握 SCAN-ENDSCAN 和 FOR-ENDFOR 循环的应用。
（3）掌握 LOOP 和 EXIT 语句的使用。

二、实验内容及步骤

实验 7　编写程序 prog3-1.prg，计算并显示 1～10 的整数和。
（1）新建程序文件，输入如下程序代码。

```
CLEAR
sum=0                    &&累计和变量
i=1                     &&循环变量
DO WHILE i<=100         &&只要 i 不大于 100，就执行一次循环体
  sum=sum+i             &&累加整数 i
  i=i+1                 &&每执行一次循环体，循环变量 i 都要加 1
ENDDO
?s
```

（2）保存程序，程序文件名为 prog3-1.prg，运行程序，查看程序结果。

编程练习 1：编写程序 proglx3-1.prg，计算并显示 1～9 之间的奇数的积，即 1*3*5*7*9。

实验 8　编写程序 prog3-2.prg，遍历教师表所有记录，统计所有教师的平均年龄。
（1）新建程序文件，输入如下程序代码。

```
CLEAR
num=0                   &&累计教师个数
sum=0                   &&累计所有教师年龄
USE 教师表
DO WHILE NOT EOF()      &&当指针没在文件尾时，该条件为真
  sum=sum+年龄          &&年龄累加到 sum 中
```

```
    num=num+1                    &&每执行一次循环体，教师个数增加1
    SKIP
ENDDO
?"平均年龄为"+ALLTRIM(STR(sum/num))    &&STR 将数值转为字符
USE
RETURN
```

（2）保存程序，程序文件名为 prog3-2.prg，运行程序，查看程序结果。

编程练习 2：编写程序 proglx3-2.prg，要求：用 DO WHILE 循环遍历学生表，统计并显示所有学生的入学成绩的平均值。

实验 9 编写程序 prog3-3.prg，遍历员工表中所有少数民族学生记录，显示每个少数民族学生的姓名，并统计少数民族学生的人数。

（1）新建程序文件，输入如下程序代码。

```
CLEAR
n=0
USE 学生
LOCATE FOR 民族!="汉"      &&指针定位到第一个符合条件的记录上
DO WHILE FOUND()          &&可替换为 DO WHILE NOT EOF()
    ?姓名
    n=n+1
    CONTINUE              &&指针定位到下一个符合条件的记录上
ENDDO
?" 少数民族学生人数为"+ALLTRIM(STR(n))
USE
RETURN
```

（2）保存程序，程序文件名为 prog3-3.prg，运行程序，查看程序结果。

编程练习 3：编写程序 proglx3-3.prg，要求：用 DO WHILE 循环遍历学生表中姓名以"军"结束的记录，显示记录的学号，同时统计并显示这些学生入学成绩之和。

【提示】用表达式 RIGHT（姓名,2）="军"判断学生姓名是否以"军"结束。

实验 10 编写程序 prog3-4.prg，显示教师表中从第二个到最后一个记录范围内，且是党员的教师的教师编号和姓名。

（1）新建程序文件，输入如下程序代码。

```
CLEAR
n=0
USE 教师
GO 2
SCAN REST FOR 党员=.T.
    DISPLAY 教师号,姓名
ENDSCAN
USE
RETURN
```

（2）保存程序，程序文件名为 prog3-4.prg，运行程序，查看程序结果。

编程练习 4：编写程序 proglx3-4.prg，要求：用 SCAN 循环显示教师表从第三到第五个记录范围内职称是副教授的教师的信息。

【提示】要实现从第三到第五个记录的范围，需要先执行 GO 3，并在之后的 SCAN 条件中使用范围子句 NEXT 3。

实验 11　编写程序 prog3-5.prg，实现将工资表中所有女员工的工资增加 200 元。

（1）新建程序文件，输入如下程序代码。

```
SELECT * FROM 员工表 WHERE 性别="女" INTO TABLE NYG
USE x
SCAN
UPDATE 工资表 SET 基本工资=基本工资+200;
where 工资表.员工编号=NYG.员工编号
ENDSCAN
USE
RETURN
```

（2）保存程序，程序文件名为 prog3-5.prg，运行程序，查看程序结果。

编程练习 5：编写程序 proglx3-5.prg，要求：将工资表中所有非党员的员工津贴减少 100 元。

实验 12　编写程序 prog3-6.prg，从左向右搜索字符串"Visual FoxPro"中，第一个"o"字符出现的位置。

（1）新建程序文件，输入如下程序代码。

```
str="Visual FoxPro"
n=LEN(str)                &&str 中字符的个数
FOR i=1 to n
  IF SUBSTR(str,i,1)="o"   &&SUBSTR(str,i,1)从 str 中的第 i 位取一个字符
    ?"第一个 o 的位置为"+ALLTRIM(STR(i))
    EXIT                &&当搜索到第一个 o 后，不需要继续循环，所以执行
EXIT 跳出循环
  ENDIF
ENDFOR
```

（2）保存程序，程序文件名为 prog3-6.prg，运行程序，查看程序结果。

实验 7.4　多模块程序设计

一、实验目的

（1）掌握过程的定义与调用。

（2）掌握过程调用中的参数传递。

二、实验内容及步骤

实验 13 编写程序 prog4-1.prg，程序中有两个过程 sel 和 ins。过程 dsp 查询选课表所有信息，过程 ins 向选课表插入一条新记录，新记录的学号、课程号和成绩分别为"11010001"、"003"和"80"。主程序中，在插入记录之前和之后调用两次查询过程 sel，以对比插入记录前后的变化。

（1）新建主程序文件如下。

```
CLEAR
DO sel          &&查询部门表
DO ins          &&插入记录
DO sel          &&再次查询选课表
PROCEDURE sel
  SELECT * FROM 选课
ENDPROC
PROCEDURE ins
  INSERT INTO 选课(学号,课程号,成绩);
VALUES("11010001","001",80)
ENDPROC
```

（2）保存程序，程序文件名为 prog4-1.prg，运行程序，查看程序结果。

实验 14 编写程序 prog4-2.prg，程序中有两个过程 ss 和 cc，分别实现计算显示矩形的面积和周长。在主程序中，用这两个过程分别计算边长为 5 和 8 的矩形的面积和周长。

（1）新建主程序文件如下。

```
DO ss WITH 5,8
DO cc WITH 5,8
PROCEDURE ss          &&计算面积过程
PARAMETERS x,y
  s=x*y
  ?"矩形面积为："+ALLTRIM(STR(s))
ENDPROC
PROCEDURE cc          &&计算周长过程
PARAMETERS x,y
  s=2*(x+y)
  ?"矩形周长为："+ALLTRIM(STR(s))
ENDPROC
```

（2）保存程序，程序文件名为 prog4-2.prg，运行程序，查看程序结果。

实验 15 编写程序 prog4-3.prg，检验过程调用中按值传递与按引用传递的区别。

（1）新建程序文件，内容如下。

```
CLEAR
SET UDFPARMS TO VALUE
```

```
x=3
WAIT "按值传递结果如下（请按任意键）: "
DO one WITH x
? "用 DO 命令调用，变量 x 的值为: ",x
x=3
one(x)
? "直接调用，变量 x 的值为: ",x
SET UDFPARMS TO REFERENCE
WAIT "按引用传递结果如下（请按任意键）: "
DO one WITH x
? "用 DO 命令调用，变量 x 的值为: ",x
x=3
one(x)
? "直接调用，变量 x 的值为: ",x
****过程 one ****
PROCEDURE one
PARAMETER y
y=y+3
RETURN
```

（2）保存程序，程序文件名为 prog4-3.prg，运行程序，查看程序结果。

实验 16   编写程序 prog4-4.prg，利用自定义函数计算成年人标准体重。

（1）新建程序文件，内容如下。

```
CLEAR
INPUT "请输入您的身高 CM:" TO SG
INPUT "请输入您的体重 KG:" TO TZ
RS=BZTZ(SG,TZ)
?RS
RETURN
****自定义函数 BZTZ****
PROCEDURE BZTZ
PARAMETERS SG,TZ      &&SG 为身高 CM，TZ 为体重 KG
BZ=(SG-100)*0.9
DO CASE
CASE TZ>BZ
    MS="您体重偏胖"+ALLTRIM(STR(TZ-BZ))+"KG"
CASE TZ=BZ
    MS="您体重正常！"
CASE TZ<BZ
    MS="您体重偏瘦"+ALLTRIM(STR(BZ-TZ))+"KG"
ENDCASE
RETURN MS
ENDPROC
```

（2）保存程序，程序文件名为 prog4-4.prg，运行程序，查看程序结果。

实验 7.5 综合应用练习

一、实验目的

掌握结构化程序设计的综合应用。

二、实验内容及步骤

实验 17 打开 DB 数据库，完成如下程序设计：编写文件名为 FOUR.PRG 的程序，根据表 TABA 中所有记录的 a、b、c 三个字段的值，计算各记录的一元二次方程的两个根 x1 和 x2，并将两个根 x1 和 x2 写到对应的字段 x1 和 x2 中，如果无实数解，在 note 字段中写入"无实数解"（注意：平方根函数为 SQRT()）；程序编写完成后，运行该程序计算一元二次方程的两个根。注意：一元二次方程公式如下。

$$x = \frac{-b \pm \sqrt{b^2 - 4ac}}{2a}$$

【提示】程序代码如下。

```
USE TABA
SCAN
  x = b**2 - 4*a*c
  IF x >= 0
    xx1 = (-b + SQRT(x))/(2*a)
    xx2 = (-b - SQRT(x))/(2*a)
    REPLACE x1 with xx1,x2 with xx2
  ELSE
    REPLACE x1 with .null.,x2 with .null.,NOTE WITH "无实数解"
  ENDIF
ENDSCAN
```

实验 18 修改并执行程序 four.prg，该程序的功能是：根据"学院"表和"教师"表计算"信息管理"系教师的平均工资。注意：只能修改标有错误的语句行，不能修改其他语句。

实验 19 修改并执行程序 five.prg，该程序的功能是：根据"教师"表计算每个系的教师人数并将相应数据填入"学院"表，程序中有三处错误，请修改并执行程序。注意：只能修改标有错误的语句行，不能修改其他语句。

第8章 菜单设计与应用

实验 8.1 下拉式菜单设计

一、实验目的

（1）理解菜单设计的基本概念和过程。

（2）熟练使用"菜单设计器"进行菜单设计。

（3）掌握下拉式菜单的设计方法。

二、实验内容及步骤

实验 1 建立一个下拉式菜单，如图 8-1 所示。新建立的菜单文件名为 MNX-01。

图 8-1 下拉菜单设计

菜单结构如下。

信息查询
      学生信息
      教师信息
信息统计
      入学平均成绩
退出

操作步骤如下：

（1）选择"文件"→"新建"→"菜单"命令，打开菜单设计器。

（2）输入菜单栏各菜单项，如图 8-2 所示。

（3）编辑"信息查询"子菜单，输入各个菜单项，如图 8-3 所示。将"结果"列设置为过程，并分别单击"创建"按钮，过程代码如下。

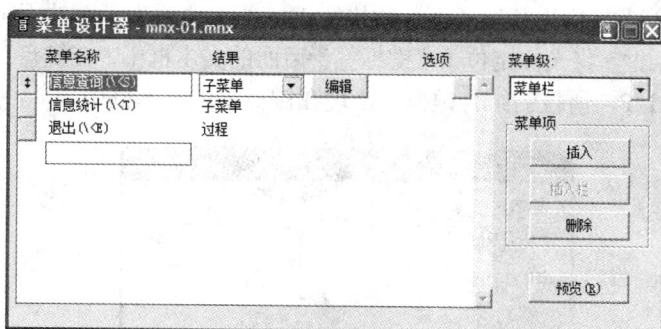

图 8-2 菜单栏各菜单项

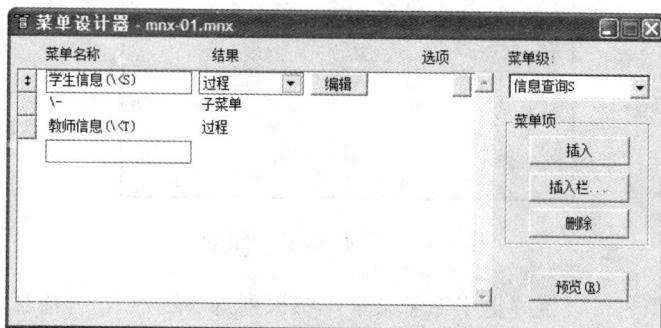

图 8-3 "信息查询"子菜单菜单项

"部门信息"过程代码:

```
select * from 学生
```

"员工信息"过程代码:

```
select * from 教师
```

（4）返回菜单栏，编辑"信息统计"子菜单，输入其菜单项，如图 8-4 所示。设置结果列为"过程"，过程代码如下。

```
SELECT 专业,AVG(入学成绩) as 入学平均成绩 FROM 学生;
GROUP BY 专业
```

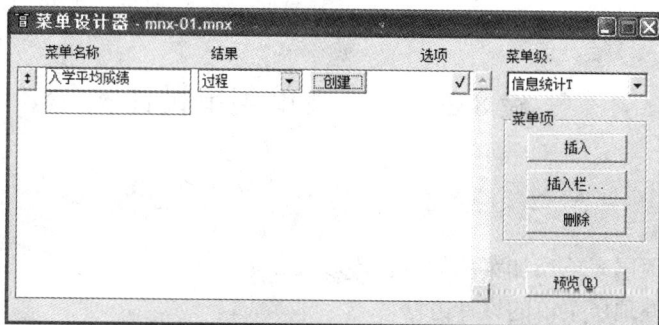

图 8-4 "信息统计"子菜单菜单项

（5）设置"入学平均成绩"子菜单的快捷键，单击选项列下面的无符号按钮，弹出如图 8-5 所示对话框，将光标定位于"键标签"后面的文本框中，在键盘上按下要设为快捷键的组合键 Ctrl+P，所按的组合键自动出现在键标签的文本框中。

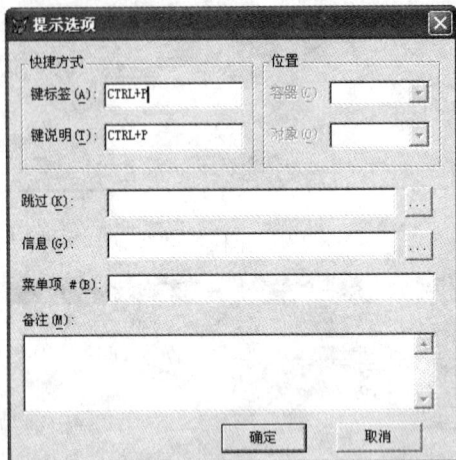

图 8-5 "提示选项"对话框

（6）返回菜单栏，设置"退出"子菜单，结果列为"过程"，并添加命令语句：SET SYSMENU TO DEFAULT。

（7）保存菜单文件 MNX-01.MNX。选择"文件"→"保存"，保存文件。

【提示】保存菜单文件要指明保存路径，保存后磁盘生成两个文件 MNX-01.MNX 和 MNX-01.MNT。

（8）生成菜单程序文件 MNX-01.MPR。选择"菜单"→"生成"，生成程序文件。

【提示】生成的菜单程序文件最好与菜单文件保存在相同路径，以方便调用。每次修改菜单则要重新生成菜单程序文件。

（9）菜单调试运行。在命令窗口输入命令执行菜单：DO MNX-01.MPR 运行后，尝试使用菜单各项功能。

【提示】执行菜单程序时，如未设置默认路径，需在 MNX-01.MPR 前加上文件所在路径。菜单程序文件运行后，自动生成 MNX-01.MPX 文件。

（10）恢复系统菜单。单击"退出"，结束菜单程序的运行；或者在命令窗口输入 SET SYSMENU TO DEFAULT 也可以恢复系统菜单。

实验 8.2 顶层表单菜单设计

一、实验目的

（1）掌握为顶层表单添加菜单的设计步骤。
（2）熟练掌握顶层菜单的设计方法。
（3）通过比较了解如何将下拉式菜单添加到顶层表单。

二、实验内容及步骤

实验 2 设计一个表单文件 FORM1，添加实验 8.1 中建立的菜单 MNX-01，如图 8-6 所示。

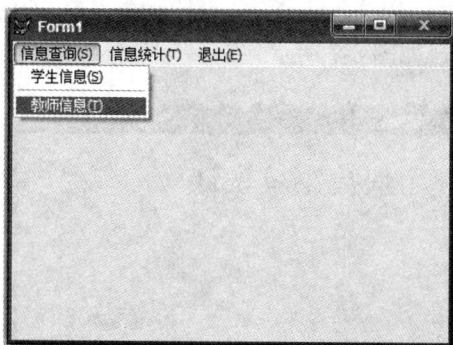

图 8-6 顶层表单设计

（1）新建一个表单文件 FORM1，设置其属性 ShowWindow 为"2-作为顶层表单"。

（2）在表单的 Init 事件中，添加调用菜单的命令语句如下。

```
DO MNX-01.MPR WITH THIS,"xxx"
```

（3）释放菜单。在表单的 Destroy 事件中添加如下命令。

```
RELEASE MENU xxx
```

（4）利用菜单设计器打开菜单文件 mNX-01，设置常规选项。单击系统菜单"显示"→"常规选项"，在弹出的"常规选项"对话框中，选中"顶层菜单"复选项。

（5）修改"退出"子菜单中的过程代码，加入一条释放表单的命令语句，过程代码如下。

```
FORM1.RELEASE
SET SYSMENU TO DEFAULT
```

【提示】释放表单的命令语句必须使用表单名，而不能用 THISFORM 来调用 RELEASE 方法。

（6）生成菜单程序文件 MNX-01.MPR。

（7）运行表单文件，测试菜单。

实验 8.3 快捷菜单设计

一、实验目的

（1）理解快捷菜单设计的基本概念和过程。

（2）熟练使用"快捷菜单设计器"进行快捷菜单设计。

（3）掌握快捷菜单的设计方法。

二、实验内容及步骤

实验 3　利用快捷菜单设计器创建一个弹出式菜单 MNX-02，菜单有"显示"和"隐藏"两个选项，两个选项之间用分隔线分隔。设计一个表单 FORM1，在表单上单击右键，则弹出快捷菜单 MNX-02，如图 8-7 所示。

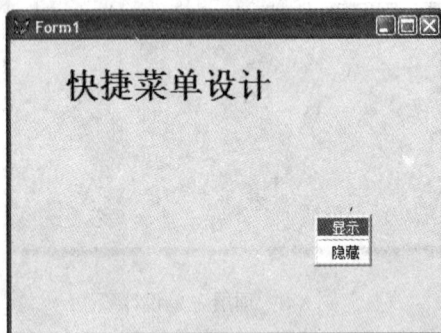

图 8-7　弹出式菜单

（1）创建"快捷菜单"。选择"文件"→"新建"→"菜单"命令，在弹出的"新建菜单"对话框中，单击"快捷菜单"。在打开的"菜单设计器"中设计如图 8-8 所示菜单项。

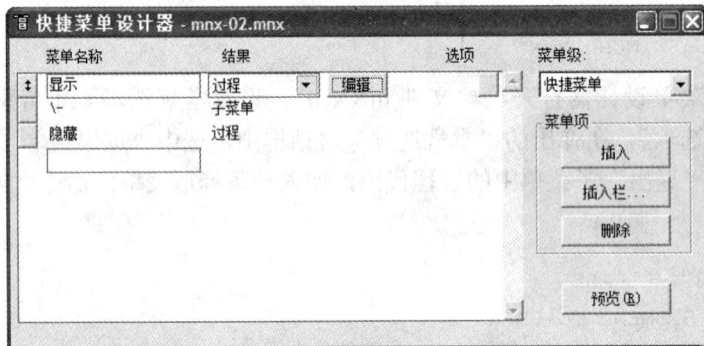

图 8-8　快捷菜单的结构

（2）添加菜单的"显示"和"隐藏"过程代码，在弹出代码的窗口中，输入如下命令。

```
FORM1.LABEL1.CAPTION="快捷菜单设计"

FORM1.LABEL1.CAPTION=""
```

（3）保存并生成菜单文件：MNX-02.MNX 和 MNX-02.MPR。

（4）新建表单 FORM1.SCX。

（5）编写表单的 RightClick 事件代码。在表单的 RightClick 事件代码窗口中输入如下命令。

```
DO MNX-02.MPR
```

（6）运行表单，在表单上单击右键调用快捷菜单。

实验 8.4　综合应用练习

一、实验目的

掌握菜单的综合应用。

二、实验内容及步骤

实验 4　创建一个顶层表单 MNX-03.SCX（表单的标题为"考试"），然后创建并在表单中添加菜单（菜单的名称为 MNX-03.MNX，菜单程序的名称为 MNX-03.MPR）。练习中用到的数据表如图 8-9 所示，表单运行效果如图 8-10 所示。

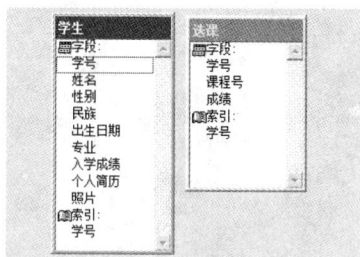

图 8-9　菜单设计表结构　　　　　　　　　　图 8-10　菜单设计效果

（1）菜单命令"统计"和"退出"的访问键分别为"T"和"E"，功能都通过执行过程完成。

（2）菜单命令"统计"的功能是以客户为单位。从学生表、选课表中求出每名学生各科平均成绩。统计结果包含"学号"、"姓名"和"平均成绩"等内容，统计结果应按"平均成绩"降序排序，并存放在 TABLET-01 表中。

（3）菜单命令"退出"的功能是释放并关闭表单。

（4）运行表单并依次执行其中的"统计"和"退出"菜单命令。

【提示】菜单项"统计"的过程代码如下：

```
SELECT 学生.学号,姓名,课程号,AVG(成绩) AS 平均成绩;
FROM 学生,选课 WHERE 学生.学号=选课.学号 GROUP BY 学生.学号;
ORDER BY 平均成绩 DESC INTO TABLE TABLET-01
BROWSE
```

实验 5　综合练习题。

（1）创建一个下拉式菜单 MNX-04.MNX，运行该菜单程序时会在当前 Visual FoxPro 系统菜单的末尾追加一个"查询"子菜单，如图 8-11 所示。

菜单命令"统计"和"返回"的功能都通过执行过程完成。

菜单命令"统计"的功能是查询没有选修任何一门课的学生信息，查询结果存放 TABLET-02 表中。

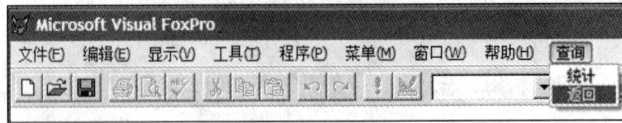

图 8-11　菜单设计综合应用

菜单命令"返回"的功能是返回标准的系统菜单。

（2）创建一个项目 PROJECT-01.APP，并将已经创建的菜单 MNX-04.MNX 设置成主文件。然后连编产生应用程序 PROJECT-01.APP。最后运行 PROJECT-01.APP，并依次执行"统计"和"返回"菜单命令。

【提示】

① 菜单项"统计"的过程代码如下：

```
SELECT * FROM 学生 WHERE NOT EXISTS;
(SELECT * FROM 选课 WHERE 学号=学生.学号);
INTO TABLE TABLET-02
```

② 菜单项"退出"的过程代码如下：

```
SET SYSMENU NOSAVE
SET SYSMENU TO DEFAULT
```

第 9 章　报表设计与应用

实验 9.1　使用报表向导创建简单报表

一、实验目的

（1）掌握使用向导方式创建简单报表。

（2）掌握报表文件的预览及保存。

二、实验内容及步骤

实验 1　利用报表向导，对"教学管理数据库"中的"学生表"创建报表。报表中包括"学生表"中全部字段，按"专业"进行分组，报表样式用"账务式"，报表中数据按"学号"升序排列，报表标题为"学生信息表"，其余按缺省设置。将报表文件命名为 REPORT-01.FRX。预览报表的结果如图 9-1 所示。

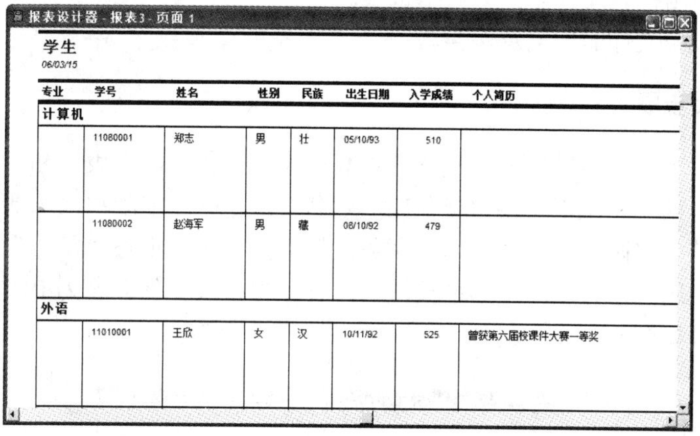

图 9-1　报表 REPORT-01.FRX 的预览结果

操作步骤如下：

（1）打开报表向导。

【提示】选择"文件"→"新建"命令，打开"新建"对话框后选择"报表"，单击"向导"按钮，在打开的"向导选取"对话框中，选择"报表向导"，单击"确定"按钮。

【技巧】直接单击工具栏上的报表向导图标按钮▣或在系统菜单中选择"工具"→"向导"→"报表"命令叫直接打升"向导"对话框。

（2）字段选取。

【提示】在报表向导"步骤 1-字段选取"对话框中单击"数据库和表"右侧的 ⋯ 按钮，打开"学生表"，通过 ▸▸ 按钮可将"可用字段"列表框中的全部字段添加到"选定字段"列表中。

（3）分组记录。

【提示】在"分组记录"对话框的下拉列表框中选择"专业"分组字段。

（4）选择报表样式为"账务式"。

（5）在定义报表布局步骤中按默认选项进行下一步操作。

（6）排序记录。

【提示】在"排序记录"对话框中通过 添加(①) > 按钮选择"学号"字段作为排序字段。

（7）输入标题并保存报表。

【提示】在"完成"对话框的报表标题：输入"学生信息表"，选择"保存报表以备将来使用"。在单击"完成"按钮前，可预览观看页面效果，如图 9-1 所示。最后，单击"完成"按钮，在弹出的"另存为"对话框中，输入报表的名称为 REPORT-01.FRX。

实验 9.2　使用报表向导创建一对多报表

一、实验目的

（1）掌握使用报表向导创建一对多报表。

（2）掌握报表文件的预览及保存。

二、实验内容及步骤

实验 2　利用报表向导，为"教学管理数据库"中的"学生表"和"选课表"创建报表：报表中包括"学生表"中"学号"、"姓名"、"专业"字段和"选课表"中的"课程号"和"成绩"字段。报表样式用"账务式"，报表中数据按"学号"升序排列，报表标题为"学生选课信息表"，其余按缺省设置。将报表文件命名为 REPORT-02.FRX。预览报表的结果如图 9-2 所示。

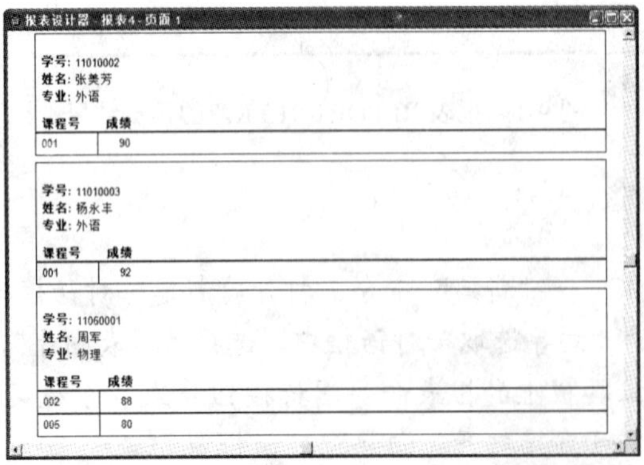

图 9-2　报表 REPORT-02.FRX 的预览结果

操作步骤如下：

（1）打开报表向导。

【提示】选择"文件"→"新建"命令，打开"新建"对话框后选择"报表"，单击"向导"按钮，在打开的"向导选取"对话框中，选择"一对多报表向导"，单击"确定"按钮。

（2）父表字段选取。

【提示】在报表向导"步骤 1-从父表选择字段"对话框中单击"数据库和表"右侧的 按钮，打开"学生表"，通过 按钮可将"可用字段"列表框中的"学号"、"姓名"、"专业"等字段添加到"选定字段"列表中。

（3）子表字段选取。

【提示】在报表向导"步骤 2-从子表选择字段"对话框中选择数据库和表列表框中的"选课表"，通过 按钮将"可用字段"列表框中的"课程号"、"成绩"字段添加到"选定字段"列表中。

（4）为表建立关系。

【提示】在"为表建立关系"窗口中，系统默认将两个表相同的字段作为匹配字段。

（5）排序记录。

【提示】在"排序记录"对话框中通过 添加按钮选择"学号"字段作为排序字段。

（6）选择报表样式为"账务式"。

（7）输入标题并保存报表。

【提示】在"完成"对话框的报表标题文本框输入"学生选课信息表"。在单击"完成"按钮前，可预览观看页面效果，如图 9-2 所示。最后，单击"完成"按钮，在弹出的"另存为"对话框中，输入报表的名称为 REPORT-02.FRX。

实验 9.3　使用快速报表创建并修改报表

一、实验目的

（1）掌握使用快速报表方式创建简单报表的方法。
（2）熟悉报表设计器的使用。
（3）掌握报表文件的预览及保存。

二、实验内容及步骤

实验 3　为"学生信息表"创建一个快速报表：报表中包括"学号"、"姓名"、"性别"、"民族"、"出生日期"、"专业"和"入学成绩"等字段。在打开的报表设计器中增加"标题"带区，为报表添加标题"学生信息一览表"，并为标题添加两条直线。将页注脚带区的当前日期移动到报表的标题带区。将报表文件命名为 REPORT-03.FRX。预览报表的结果如图 9-3 所示。

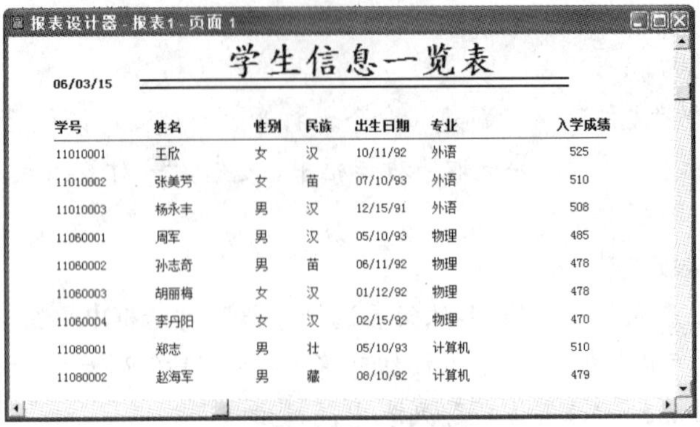
报表设计器 - 报表1 - 页面 1

学生信息一览表

06/03/15

学号	姓名	性别	民族	出生日期	专业	入学成绩
11010001	王欣	女	汉	10/11/92	外语	525
11010002	张美芳	女	苗	07/10/93	外语	510
11010003	杨永丰	男	汉	12/15/91	外语	508
11060001	周军	男	汉	05/10/93	物理	485
11060002	孙志奇	男	苗	06/11/92	物理	478
11060003	胡丽梅	女	汉	01/12/92	物理	478
11060004	李丹阳	女	汉	02/15/92	物理	470
11080001	郑志	男	壮	05/10/93	计算机	510
11080002	赵海军	男	藏	08/10/92	计算机	479

图 9-3 报表 REPORT-03.FRX 的预览结果

操作步骤如下：

（1）打开报表设计器。

【提示】选择“文件”→“新建”命令，在打开的“新建”对话框中，选择“报表”，然后单击“新建文件”按钮，打开“报表设计器”窗口。

（2）打开快速报表窗口。

【提示】选择“报表”→“快速报表”命令，在弹出的“打开”对话框中，选择学生.dbf 作为数据源，然后弹出“快速报表”对话框。

（3）字段选取。

【提示】在“快速报表”对话框中，选择“字段”按钮，在弹出的“字段选择器”对话框中选择“学号”、“姓名”、“性别”、“民族”、“出生日期”、“专业”和“入学成绩”字段。

（4）添加“标题/总结”带区。

【提示】选择“报表”→“标题/总结”命令，在“标题/总结”对话框中的“报表标题”类型中选择“标题带区”，单击“确定”按钮。

（5）添加标签控件。

【提示】选择“显示”→“报表控件工具栏”命令，在打开的“报表控件”中选择A按钮，在报表的“标题带区”中单击，输入“学生信息一览表”，并适当设置标签的外观。

（6）添加线条。

【提示】单击“线条”按钮，横贯“标题”带区下沿画两条水平线。

（7）更改日期位置。

【提示】用鼠标将页注脚带区的日期域控件拖入标题带区，调整各控件的位置。

（8）预览并保存报表。

实验 9.4 创建分组报表

一、实验目的

（1）掌握分组报表的创建。

（2）熟悉报表设计器的使用。

（3）掌握报表文件的预览及保存。

二、实验内容及步骤

实验 4　使用报表设计器为"学生管理数据库"中的"学生表"建立一个报表。要求：报表的内容（细节带区）包括学生表的学号、姓名、性别、民族、出生日期、专业字段和选课表的成绩字段；增加数据分组，分组表达式是"课程号"，组标头带区的内容是"课程号"，组注脚带区的内容是该组人数的合计；增加标题带区，标题是"成绩分组汇总表（按课程）"，要求是 3 号字、黑体；增加总结带区，该带区的内容是所有人数的合计；将建立的报表文件保存为 REPORT-04.FRX。预览报表的结果如图 9-4 所示。

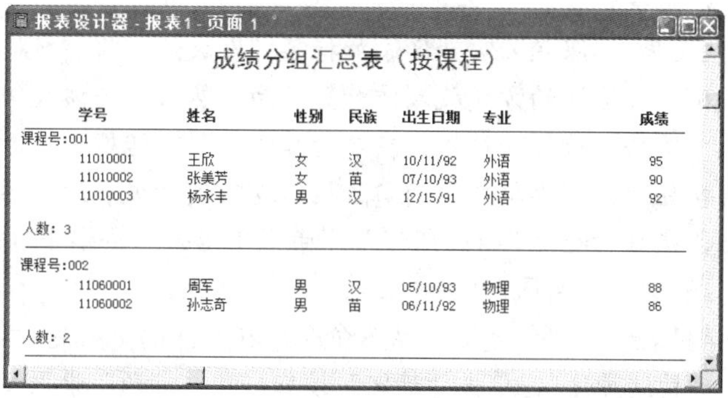

图 9-4　报表 REPORT-04.FRX 的预览结果

操作步骤如下：

（1）为员工表建立索引和设置控制索引。

【提示】分组字段必须建立索引。在数据环境中选定"选课表"，在表设计器中为选课表"课程号"字段建立索引。

【提示】在数据环境中选定"选课表"，右击鼠标，选择"属性"命令，在"属性"窗口的 Order 处选择"学号"。

（2）新建报表。

【提示】选择"文件"→"新建"命令，在打开的"新建"对话框中，选择"报表"，单击"新建文件"按钮，打开"报表设计器"窗口。

（3）添加表到报表数据环境。

【提示】在"报表设计器"中，右击鼠标，选择"数据环境"命令，在"数据环境设计器"窗口中，再次右击鼠标，选择"添加"命令，在"打开"对话框中，选择"学生表"，单击"添加"按钮，再关闭"添加表或视图"对话框。

（4）设置"页标头"带区。

【提示】向页标头带区添加标签"学号"、"姓名"、"性别"、"民族"、"出生日期"、"专业"、"成绩"，调整好各标签的位置。

（5）设置"细节"带区。

【提示】将"数据环境设计器"中的"学号"、"姓名"、"性别"、"民族"、"出生日期"、"专业"、"成绩"字段用鼠标拖拽的方式放入"细节"带区，并调整"细节"带区的位置。

（6）设置分组。

【提示】选择"报表\数据分组"命令，在打开的"数据分组"对话框中，单击▢按钮，在"按表达式分组记录<expr>:"处生成"选课.课程号"，单击"确定"按钮返回到"数据分组"对话框中，再单击"确定"按钮。

【提示】在数据环境里选定"学生表"的"学号"字段拖拽到"选课表"的学号字段上，建立两个表之间的连接。

（7）设置"组标头"带区。

【提示】向"组标头 1：课程号"带区添加标签"课程号："，将"数据环境设计器"中的"课程号"字段用鼠标拖拽的方式放入该标签后面。

（8）设置"组注脚"带区。

【提示】向"组注脚 1：课程号"带区添加标签"人数："，将"数据环境设计器"中的"课程号"字段用鼠标拖拽的方式放入该标签后面，然后双击该控件，在弹出的"报表表达式"对话框中单击"计算"按钮，在"计算字段"对话框中，选定"计数"单选钮后单击"确定"按钮返回，再单击"确定"按钮返回到"报表设计器"窗口中。然后单击"线条"按钮，横贯"组注脚 1：课程号"带区下沿画一条水平线。

（9）增加"标题/总结"带区。

【提示】选择"报表"→"标题／总结"命令，在打开的"标题/总结"对话框中选中"标题带区"及"总结带区"，单击"确定"按钮。在"标题"带区增加一个标签"成绩分组汇总表（按课程）"，再选定这个标签，选择"格式\字体"命令，选择"黑体"和"三号"，最后单击"确定"按钮。在总结带区添加标签"人数："，再将"数据环境设计器"中的"课程号"字段用鼠标拖拽的方式放入"总结"带区。选中"总结"带区中的"课程号"，右击鼠标，选择"属性"命令，在弹出的"报表表达式"对话框中单击"计算"按钮，在"计算字段"对话框中，选定"计数"单选钮后单击"确定"按钮返回，再单击"确定"返回到"报表设计器"窗口中。

（10）调整各带区的大小和控件布局，将报表保存为 REPORT-04.FRX 并预览。

【提示】预览该报表的命令为：REPORT FORM REPORT-04 PREVIEW。

实验 9.5　综合应用练习

一、实验目的

巩固各种报表的创建和应用。

二、实验内容及步骤

实验 5　以"教学管理数据库"中的"学生表"为数据源，使用报表设计器中的快速报表功能为"学生表"创建一个文件名为 RP-01.FRX 的报表。快速报表建立操作过程均为默认。最后，给快速报表添加一个标题，标题为"学生一览表"。

【提示】新建报表，选择"报表"→"快速报表"命令，选择"学生.dbf"作为数据源。添加标题带区，利用标签控件添加标题。

实验 6 利用报表向导根据"货物管理数据库"中的"进货表"生成一个进货报表，报表顺序包含编号、进货时间和供货人三列数据，报表的标题为"进货信息表"（其他使用默认设置），生成的报表文件保存为 RP-02.FRX。打开生成的报表文件 RP-02.FRX 进行修改，使显示在标题区域的日期改在每页的注脚区显示。

【提示】在"标题"带区选择DATE()并按住鼠标不放，拖动到"页注脚"带区。

实验 7 用一对多报表向导建立报表，"教师表"为父表，"课程表"为子表。要求：选择父表中的"教师号"、"姓名"、"职称"和子表中"课程名"、"学时"、"学分"字段；用"教师号"字段为两个表建立关系，排序方式为按"教师号"升序；报表样式为"账务式"，方向为"横向"；报表标题为"教师情况表"；报表文件名为 RP-03.FRX。

【提示】通过报表向导将教师表中"教师号"、"姓名"、"职称"字段作为父表字段添加；将工资表中"课程名"、"学时"、"学分"字段作为子表字段添加；在"为表建立关系"对话框中，系统默认将"教师号"字段作为匹配字段。

第 10 章　综合应用开发

实验 10.1　项目管理器综合训练

一、实验目的

（1）熟悉项目管理器各选项卡包含的文件类型。
（2）掌握项目管理器基本操作。

二、实验内容

实验 1　项目管理器练习。

（1）在 D 盘创建名为"项目综合练习"的文件夹，将实验 10.1 的素材文件复制到该文件夹中。启动 Visual FoxPro 新建一个项目文件，将项目文件命名为"项目 1.PJX"保存在该文件夹中。

（2）将数据库"教学.DBC"添加到项目中。

【提示】在项目管理器中，选中"数据"选项卡下的"数据库"，单击右侧的"添加"命令按钮，在弹出的"打开"对话框中选择"教学.DBC"。

（3）在项目中移去"学生"表，彻底删除"课程"表。

【提示】在项目管理器中，选中"学生"表，单击右侧的"移去"命令按钮，在弹出的对话框中选择"移去"。选中"课程"表，单击右侧的"移去"命令按钮，在弹出的对话框中选择"删除"。

（4）在项目中新建立一个空表单，保存命名为"表单 1.SCX"。

【提示】在项目管理器中，选中"文档"选项卡下的"表单"，单击右侧的"新建"命令按钮。

（5）将表单"表单 2.SCX"添加到项目中，运行该表单。

【提示】在项目管理器中，选中"文档"选项卡下的"表单"，单击右侧的"添加"命令按钮，在弹出的"打开"对话框中选择"表单 2.SCX"。在"表单"下选择"表单 2.SCX"，单击右侧的"运行"命令按钮可运行该表单。

（6）将报表"选课.FRX"添加到项目中，预览该报表。

【提示】将报表添加到项目中后，选中该报表，单击右侧的"预览"命令按钮可预览该报表。

（7）将"选课"报表设置为"排除"，将"选课"表设置为"包含"。

【提示】关闭报表的预览窗口。右击"选课"报表，在弹出的菜单中选择"排除"；

右击"选课"表，在弹出的菜单中选择"包含"。

（8）将"表单2.SCX"设置为"主文件"。

【提示】右击"表单2"，在弹出的菜单中选择"设置主文件"。

（9）编译项目，生成可执行程序"项目练习.EXE"文件。

【提示】选中主文件"表单2"，单击右侧的"连编"命令按钮，在弹出的对话框中选择"连编可执行文件"和"重新编译全部文件"，单击"确定"按钮。

实验 10.2 销售管理系统开发实例

一、实验目的

（1）掌握 Visual FoxPro 6.0 应用程序的完整开发过程。

（2）复习数据库和表的相关操作。

（3）复习表单和基本控件的创建方法。

（4）复习 SQL 语言。

（5）复习菜单的创建方法。

（6）复习过程的使用。

二、实验内容

实验2 创建数据库和表。

（1）在 D 盘创建名为"销售系统"的文件夹，将数据库"SELLDB"的全部文件拷贝到该文件夹中。打开的数据库"SELLDB"如图 10-1 所示。

（2）为"部门表"的"部门号"字段创建主索引，为"销售表"的"部门号"和"商品号"字段分别创建普通索引。创建完索引后的效果如图 10-2 所示。

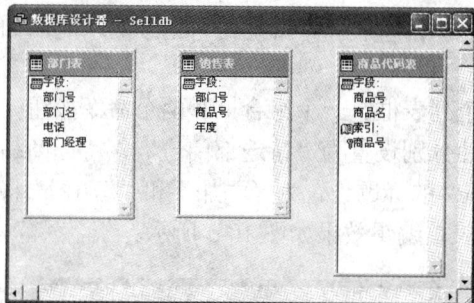

图 10-1 "SELLDB"数据库

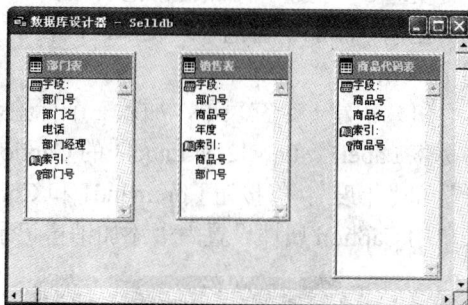

图 10-2 创建索引后的"SELLDB"数据库

【提示】在"数据库设计器"中右击"部门表"，在弹出的快捷菜单中选择"修改"命令，打开"表设计器"对话框，在"字段"选项卡中为"部门号"字段选择"升序"索引，此时的"部门号"只是普通索引。切换到"索引"选项卡中，将"部门号"的索引类型设置为"主索引"。

（3）以"部门表"和"商品代码表"为主表，以"销售表"为子表创建永久关联。建立永久关联后的效果如图 10-3 所示。

【提示】在"数据库设计器"中，用鼠标左键将"部门表"中的"部门号"索引拖拽到"销售表"的"部门号"索引上，可建立以"部门表"与"销售表"之间的永久关联。用类似方法再建立"商品代码表"与"销售表"之间的永久关联。

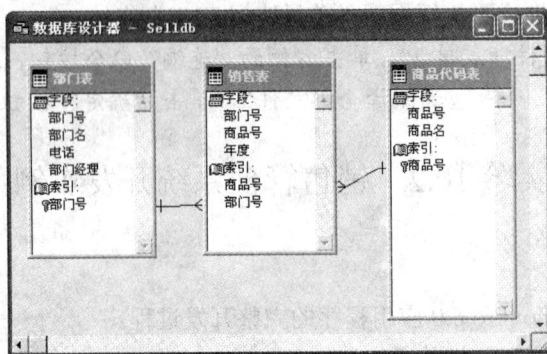

图 10-3　创建永久关联后的"Selldb"数据库

（4）设置已经建立好的两个永久关联的参照完整性。将两个关联的"更新"和"删除"操作都设置为"级联"，"插入"操作设置为"限制"。

【提示】在"数据库设计器"的空白位置右击，在弹出的菜单中选择"编辑参照完整性"命令，或在"数据库"系统菜单中选择"编辑参照完整性"命令，都可以打开"参照完整性生成器"对话框。

当出现需要清理数据库的提示时，可以在"数据库"系统菜单中选择"清理数据库"命令。

【思考】将"更新"和"删除"操作设置为"级联"，"插入"操作设置为"限制"后，对命令的执行结果有何影响？

实验 3　创建"添加销售记录"表单。

创建"添加销售记录"表单，该表单完成向"销售表"中添加销售记录的功能，如图 10-4 所示。

（1）新建一个空表单，加入三个标签、两个列表框、一个组合框和两个命令按钮。将标签 Label1、Label2 和 Label3 的 Caption 属性分别设置为"待选部门号"、"待选商品号"和"年度"；将按钮 Command1 和 Command2 的标题设置为"添加"和"退出"；将表单的 Caption 属性设置为"添加销售记录"。表单编辑效果如图 10-5 所示。

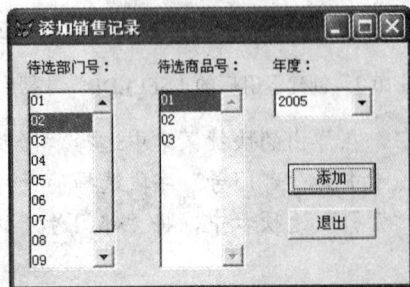

图 10-4　"添加销售记录"表单

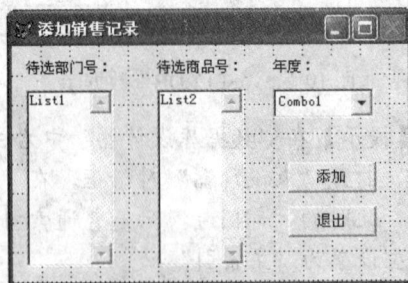

图 10-5　编辑"添加销售记录"表单

【提示】右击某控件，在弹出的菜单中选择"属性"命令打开属性窗口设置属性。

（2）在表单的初始化（Init）事件中加入代码：

```
SET DEFAULT TO D:\销售系统
CLOSE ALL
OPEN DATABASE selldb
Thisform.List1.RowSourceType=3
Thisform.List1.RowSource="SELECT 部门号 FROM 部门;
ORDER BY 部门号 INTO CURSOR t1"
Thisform.List2.RowSourceType=3
Thisform.List2.RowSource="SELECT 商品号 FROM 商品代码;
ORDER BY 商品号 INTO CURSOR t2"
FOR i=1 TO 8
    Thisform.Combo1.ADDITEM(RIGHT(STR(i+1999),4))
ENDFOR
```

【提示】函数 STR()将数值转化为字符后，返回值默认占 10 个字节。如 STR（2002）返回值为"2002"，为了只取出年份，这里使用了取子串函数 RIGHT()，目的是取末四位有效年份。

（3）在"添加"按钮的单击（Click）事件中加入如下代码。

```
DO CASE
CASE Thisform.List1.ListIndex=0
    MESSAGEBOX("请选择部门号！")
CASE Thisform.List2.ListIndex=0
    MESSAGEBOX("请选择商品号！")
CASE Thisform.Combo1.ListIndex=0
    MESSAGEBOX("请选择年度！")
OTHERWISE
    USE 销售
    LOCATE FOR 部门号=Thisform.List1.Value AND;
    商品号=Thisform.List2.Value; AND 年度=Thisform.Combo1.Value
    IF FOUND()
      MESSAGEBOX("该销售记录已经存在！")
      USE
    ELSE
      USE
INSERT INTO 销售(部门号,商品号,年度);
VALUES(Thisform.List1.Value, Thisform.List2.Value,
Thisform.Combo1.Value)
      MESSAGEBOX("销售记录添加成功！")
    ENDIF
ENDCASE
```

（4）在"退出"按钮的单击（Click）事件中加入如下代码。

```
RELEASE THISFORM
```

（5）将表单保存在"销售系统"文件夹中，命名为"添加销售记录"。

实验 4　创建"销售查询及打印"表单。

创建"销售查询及打印"表单，该表单完成查询和打印销售记录功能，如图 10-6 所示。

（1）新建一个空表单，并加入两个标签、两个组合框、两个命令按钮和一个表格控件。将标签 Label1 和 Label2 的 Caption 属性分别设置为"年度"和"部门"；将按钮 Command1 和 Command2 的标题分别设置为"查询"和"打印"；将表单的 Caption 属性设置为"销售查询及打印"。表单编辑效果如图 10-7 所示。

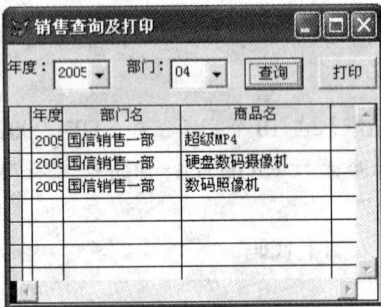

图 10-6　"销售查询"表单　　　　　　　图 10-7　编辑"销售查询"表单

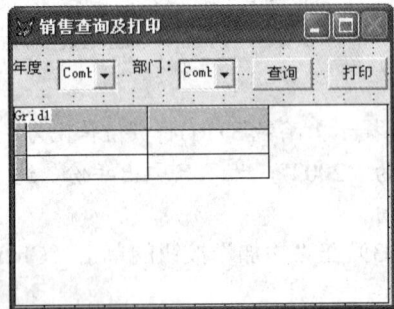

（2）在表单的初始化（Init）事件中加入如下代码。

```
SET DEFAULT TO D:\销售系统
CLOSE ALL
OPEN DATABASE selldb
Thisform.Combo2.RowSourceType=3
Thisform.Combo2.RowSource="SELECT 部门号 FROM 部门;
ORDER BY 部门号 INTO CURSOR t1"
Thisform.Grid1.RecordSourceType=4
FOR i=1 TO 8
    Thisform.Combo1.ADDITEM(RIGHT(STR(i+1999),4))
ENDFOR
```

（3）在"查询"按钮的单击（Click）事件中加入如下代码。

```
Thisform.Grid1.RecordSource=;
        "SELECT 年度,部门.部门名,商品代码.商品名;
        FROM 部门,销售,商品代码;
        INTO CURSOR t2;
        WHERE 部门.部门号=销售.部门号;
        AND 销售.商品号=商品代码.商品号;
```

```
AND 销售.年度=Thisform.Combo1.Value;
AND 销售.部门号=Thisform.Combo2.Value "
```

（4）新建一个报表，利用"报表设计器"在"页标头"栏中加入三个标签，分别为"年度"、"部门名"和"商品名"，在"细节"栏中加入三个域控件，分别为"年度"、"部门名"和"商品名"，如图 10-8 所示。将该报表保存在"销售系统"文件夹中，命名为"销售报表"。

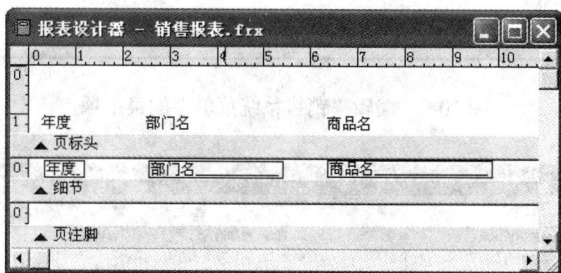

图 10-8 编辑"销售报表"

【提示】启动"报表设计器"后，在 Visual FoxPro 的"显示"系统菜单中选择"报表控件工具栏"，即可打开"报表控件"窗口。

（5）在"打印"按钮的单击（Click）事件中加入如下代码。

```
SELECT 年度,部门.部门名,商品代码.商品名;
        FROM 部门,销售,商品代码;
        INTO CURSOR t2;
        WHERE 部门.部门号=销售.部门号;
        AND 销售.商品号=商品代码.商品号;
        AND 销售.年度=Thisform.Combo1.Value;
        AND 销售.部门号=Thisform.Combo2.Value
REPORT FORM 销售报表.frx PREVIEW
```

【提示】SELECT 子句后的三个字段名必须与"销售报表"细节栏内的域名——对应，否则报表在显示时会出错。

（6）将表单保存在"销售系统"文件夹中，命名为"销售查询及打印"。

实验 5 创建菜单和主程序。

创建"销售系统菜单"，利用该菜单来调用前面已经设计完成的"添加销售记录"和"销售查询及打印"两个模块。

（1）新建一个菜单，在"菜单设计器"中按图 10-9 所示的菜单名称设计"退出"和"销售管理"两个菜单项。

（2）单击"销售管理"后面的"创建"按钮，按图 10-10 所示的菜单名称设计"添加销售记录"和"销售查询及打印"两个菜单项。

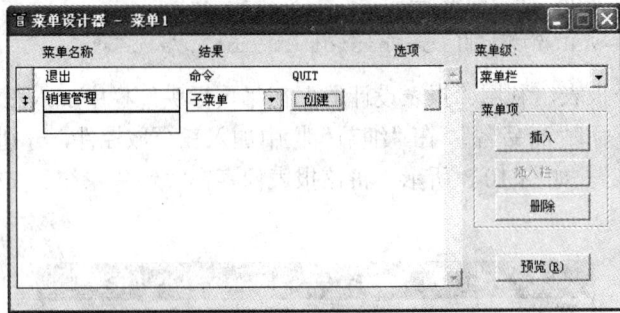

图 10-9　编辑"销售系统菜单"的菜单项

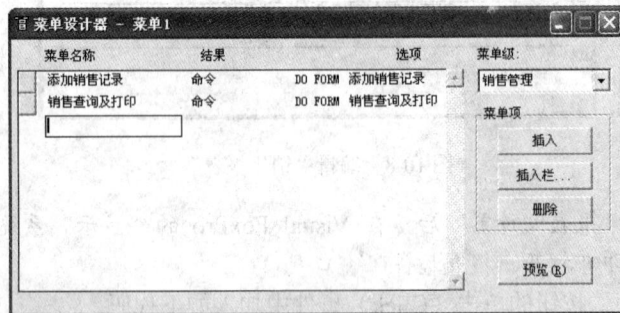

图 10-10　编辑"销售系统菜单"的"销售管理"子菜单

（3）将菜单保存在"销售系统"文件夹中，命名为"销售系统菜单"。

（4）在 Visual FoxPro 系统菜单中选择"菜单"→"生成"，生成菜单的程序文件（.MPR），将该文件保存在"销售系统"文件夹中，并命名为"销售系统菜单.MPR"。

【提示】必须在"菜单设计器"已经打开的情况下，Visual FoxPro 系统菜单中的"菜单"选项才可见。

（5）新建一个程序，在程序中加入如下代码。

```
SET DEFAULT TO D:\销售系统
CLOSE ALL
OPEN DATABASE SELLDB
DO 销售系统菜单.MPR
```

（6）将该程序保存在"销售系统"文件夹中，命名为"MAIN"。

【提示】该程序为主程序，是销售系统的入口，即必须通过执行该程序来启动"销售系统"。因为该程序中用来设置默认路径的"SET DEFAULT TO D:\销售系统"命令只需要执行一次，所以需要重新修改"添加销售记录"和"销售查询及打印"两个表单，将这两个表单 Init 事件中的"SET DEFAULT TO D:\销售系统"命令删除。

第

②

部

分

考 试 篇

第 1 章　Visual FoxPro 6.0 系统概述

1.1　知 识 要 点

（1）数据库、数据模型、数据库管理系统的概念。

（2）关系模式中的关系、元组、属性、域、关键字的概念。

（3）关系运算：投影、选择、联接。

（4）Visual FoxPro 系统的工作方式：交互方式（命令方式、可视化操作）和程序运行方式。

1.2　典型试题与解析

1.2.1　选择题

【例1】　数据库（DB）、数据库系统（DBS）和数据库管理系统（DBMS）之间的关系是＿＿＿＿。（2006 年 4 月）

    A. DB 包含 DBS 和 DBMS   B. DBMS 包含 DB 和 DBS

    C. DBS 包含 DB 和 DBMS   D. 没有任何关系

    解析：数据库系统（DBS）由五部分组成：硬件系统、数据库集合（DB）、数据库管理系统（DBMS）及相关软件、数据库管理员和用户。

    答案：C

【例2】　Visual FoxPro DBMS 是＿＿＿＿。（2003 年 4 月）

    A. 操作系统的一部分   B. 操作系统支持下的系统软件

    C. 一种编译程序   D. 一种操作系统

    解析：Visual FoxPro 是一种在计算机上运行的数据库管理系统软件，而 DBMS（即数据库管理系统）是为数据库的建立、使用和维护而配置的软件。DBMS 利用了操作系统提供的输入/输出控制和文件访问功能，所以它需要在操作系统的支持下运行。

    答案：B

【例3】　在 Visual FoxPro 中，"表"是指＿＿＿＿。（2003 年 4 月）

    A. 报表   B. 关系   C. 表格   D. 表单

    解析：在 Visual FoxPro 中，表的概念就是指数据库理论中的关系概念，数据库中的数据就是由表的集合构成的。

    答案：B

【例 4】　从关系模式中指定若干个属性组成新的关系的运算称为_____。（2004 年 9 月）

A．联接　　　　　B．投影　　　　　C．选择　　　　　D．排序

解析： 在关系模式中，指定若干个属性组成新的关系的运算是投影运算。

答案： B

【例 5】　在下列四个选项中，不属于基本关系运算的是_____。（2003 年 9 月）

A．联接　　　　　B．投影　　　　　C．选择　　　　　D．排序

解析： 关系的三个基本运算是联接、投影和选择，没有排序。

答案： D

【例 6】　操作对象只能是一个表的关系运算是_____。（2006 年 9 月）

A．联接和选择　　　　　　　　　B．联接和投影

C．选择和投影　　　　　　　　　D．自然联接和选择

解析： 从操作表的个数来说，投影和选择运算的操作对象是一个表，运算结果是该操作表的若干字段或若干记录组成的新表，而联接是指两个表的操作，它的运算结果是符合联接条件的两表记录的横向结合。

答案： C

【例 7】　在教师表中，如果要找出职称为"教授"的教师，所采用的关系运算是_____。（2008 年 4 月）

A．选择　　　　　B．投影　　　　　C．联接　　　　　D．自然联接

解析： 从关系中找出满足给定条件的元组的操作称为选择。

答案： A

【例 8】　以下关于关系的说法正确的是_____。（2010 年 3 月）

A．列的次序非常重要　　　　　　B．行的次序非常重要

C．列的次序无关紧要　　　　　　D．关键字必须指定为第一列

解析： 关系即为一张二维表，关系中的每一列称为一个属性，属性的顺序不影响关系的表示；关系中的每一行称为一个元组，元组的顺序也不影响关系的表示；关系中的关键字是唯一能够标识元组的最小属性集，与列的顺序无关。

答案： C

【例 9】　设有表示学生选课的三张表，学生 S（学号，姓名，性别，年龄，身份证号），课程 C（课号，课名），选课 SC（学号，课号，成绩），则表 SC 的关键字（键或码）是_____。（2008 年 4 月）

A．课号，成绩　　　　　　　　　B．学号，成绩

C．学号，课号　　　　　　　　　D．学号，姓名，成绩

解析： SC 表是学生表和课程表的联系表，该表的关键字应是学生表和课程表关键字的组合。

答案： C

1.2.2　填空题

【例 1】　用二维表数据来表示实体之间联系的数据模型称为_____。（2003 年 4 月）

解析：利用二维表组织数据的模型称为关系模型。

答案：关系模型

【例 2】 在关系模型中，把数据看成是二维表，每一个二维表称为一个_____。（2006 年 4 月）

解析：在关系模型中，二维表就是关系。

答案：关系

【例 3】 设有学生和班级两个实体，每个学生只能属于一个班级，一个班级可以有多名学生，则学生和班级实体之间的联系类型是_____。（2010 年 3 月）

解析：由于多个学生属于一个班级，学生和班级实体之间是多对一联系。

答案：多对一

【例 4】 Visual FoxPro 数据库系统所使用的数据的逻辑结构是_____。（2010 年 3 月）

解析：数据的逻辑结构是对数据元素之间的逻辑关系的描述。数据库系统采用二维表来表示数据及其关系的逻辑结构，一个二维表就是一个关系。

答案：关系或二维表

【例 5】 人员基本信息一般包括身份证号、姓名、性别、年龄等。其中，可以作为主关键字的是_____。（2009 年 9 月）

解析：在关系表中，能唯一标识元组的最小属性集合称为键。

答案：身份证号

1.3 测 试 题

1.3.1 选择题

1. 数据库系统的核心是_____。

A. 数据模型　　　　　　　　　　B. 数据库管理系统

C. 软件工具　　　　　　　　　　D. 数据库

2. 在一个关系中，能够唯一确定一个元组的属性或属性组合称为_____。

A. 索引码　　　B. 关键字　　　C. 域　　　D. 排序码

3. 关系模型中，关键字_____。

A. 可由多个任意属性组成

B. 能由一个属性组成，其值能唯一标识该关系模式中任何一个元组

C. 可由一个或多个属性组成，其值能唯一标识该关系模式中任何一个元组

D. 以上都不是

4. 数据库系统由数据库、_____组成。

A. DBMS、应用程序、支持数据库运行的软、硬件环境和 DBA

B. DBMS 和 DBA

C. DBMS、应用程序和 DBA

D. DBMS、应用程序、支持数据库运行的软件环境和 DBA

5．Visual FoxPro 6.0 是一种关系型数据库管理系统，所谓关系是指_____。

A．各条记录中的数据彼此有一定的关系

B．一个数据库文件与另一个数据库文件之间有一定的关系

C．数据模型符合满足一定条件的二维表格形式

D．数据库中各个之间彼此有一定的关系

6．Visual FoxPro 支持的两种工作方式是_____。

A．交互操作方式和程序执行方式　　　　B．命令方式和菜单工作方式

C．命令方式和程序方式　　　　　　　　D．交互操作方式和菜单工作方式

7．退出 Visual FoxPro 的操作方法是_____。

A．从"文件"菜单中选择"退出"选项

B．单击关闭窗口按钮

C．在命令执行 QUIT 命令

D．以上方法都可以

8．下列能显示命令窗口的是_____。

A．用鼠标单击"显示"菜单的"工具栏"选项

B．通过"窗口"菜单下的"命令窗口"项来切换

C．直接按 Alt+F4 组合键

D．以上方法都可以

9．在"选项"对话框的"文件位置"选项卡中可以设置_____。

A．表单的默认大小　　　　　　　　　　B．默认目录

C．日期和时间的显示格式　　　　　　　D．程序代码的颜色

1.3.2　填空题

1．数据库应用系统是指系统开发人员利用数据库系统资源开发出来的，面向某一实际应用的_____软件。

2．从关系中选择满足条件的元组的操作称为_____。

3．从关系中选取某些属性形成一个新的关系的操作称为_____。

4．对关系中找出满足选择条件的元组或属性，形成一个新的关系的操作称为_____。

5．二维表中的列称为关系中的_____。

6．二维表的行称为关系的_____。

7．要定制 Visual FoxPro 的系统环境，应操作"工具"菜单中的_____菜单项目。

8．在 Visual FoxPro 系统中，要设置日期和时间的显示格式，应选择"选项"对话框中的_____选项卡。

1.4　测试题答案

选择题

　　1．B　　2．B　　3．C　　4．A　　5．C　　6．A　　7．D　　8．B　　9．B

填空题

1. 应用
2. 选择
3. 投影
4. 联接
5. 属性
6. 元组
7. 选项
8. 区域

第2章 数据与数据运算

2.1 知 识 要 点

（1）掌握常量、变量、表达式的概念。

（2）掌握常用函数：字符处理函数、数值运算函数、日期时间函数、数据类型转换函数、测试函数等函数的使用。

2.2 典型试题与解析

2.2.1 选择题

【例1】 关于 Visual FoxPro 的变量，下面说法中正确的是_____。（2003年9月）

A．使用一个简单变量之前要先声明或定义

B．数组中各数组元素的数据类型可以不同

C．定义数组以后，系统为数组的每个数组元素赋予数值 0

D．数组元素的下标下限是 0

解析：使用一个简单变量之前不必先声明或定义；数组中各数组元素的数据类型可以不同；定义数组以后，系统默认为每个数组元素赋予逻辑值.F.；数组元素的下标下限是1。

答案：B

【例2】 在下面的表达式中，运算结果为逻辑真的是_____。（2003年9月）

A．EMPTY(.NULL.)   B．LIKE("edit","edi?")

C．AT("a","123abc")   D．EMPTY(SPACE(10))

解析：函数 AT（<C1>,<C2>[,<N>]）的结果值为数值型；函数 LIKE（<C1>,<C2>）比较 C1 与 C2 是否匹配，在 C1 中可使用通配符，C2 中不可使用通配符，故其值为.F.；函数 EMPTY（表达式）判断表达式的运算结果是否为"空"，数值 0、逻辑值.F.和空字符串""或任意多个空格字符串""都可以理解为"空"。故只有 D 选项的结果为真。

答案：D

【例3】 在下面的 Visual FoxPro 表达式中，运算结果为逻辑真的是_____。（2010年3月）

A．EMPTY(.NULL.)   B．LIKE('xy?', 'xyz')

C．AT('xy', 'abcxyz')   D．ISNULL(SPACE(0))

解析：函数 AT 的结果为数值型；函数 LIKE（<C1>,<C2>）比较 C1 与 C2 是否匹配，在 C1 中可使用通配符,由于"?"是通配符,可以匹配任何单个字符,故返回结果为.T.; 函数 EMPTY(表达式)判断表达式的运算结果是否为"空",数值 0、逻辑值.F.和空字符串""或任意多个空格字符串""都可以理解为"空";函数 ISNULL(表达式),只有表达式为.NULL.或 NULL 时,结果为.T.。故只有 B 选项的结果为真。

答案: B

【例 4】 Visual FoxPro 内存变量的数据类型不包括_____。(2003 年 9 月)

A. 数值型　　　　 B. 货币型　　　　 C. 备注型　　　　 D. 逻辑型

解析: Visual FoxPro 内存变量的数据类型包括字符型(C)、数值型(N)、货币型(Y)、逻辑型(L)、日期型(D)和日期时间型(T),不包括备注型。

答案: C

【例 5】 在 Visual FoxPro 中说明数组的命令是_____。(2004 年 4 月)

A. DIMENSION 和 ARRAY　　　　 B. DECLARE 和 ARRAY

C. DIMENSION 和 DECLARE　　　　 D. 只有 DIMENSION

解析: 在 Visual FoxPro 中说明数组的命令包括 DIMENSION 和 DECLARE 两个命令。

答案: C

【例 6】 有如下赋值语句,结果为"大家好"的表达式是_____。(2010 年 3 月)

```
a="你好"
b="大家"
```

A. b+AT(a,1)　　　　 B. b+RIGHT(a,1)

C. b+ LEFT(a,3,4)　　　　 D. b+RIGHT(a,2)

解析: 函数 RIGHT(a,2)的作用为从字符串"你好"中右截取两个字符,其值为"好",故 D 选项的结果为"大家好"。注意,每个汉字占用两个字符的位置。

答案: D

【例 7】 设 X=10,语句 ?VARTYPE ("X")的输出结果是_____。(2004 年 9 月)

A. N　　　　 B. C　　　　 C. 10　　　　 D. X

解析: VARTYPE("X")的作用为以一个大写字母的形式返回表达式"X"的类型,"X"为字符,故返回 C。

答案: B

【例 8】 表达式 LEN(SPACE(0))的运算结果是_____。(2004 年 9 月)

A. .NULL.　　　　 B. 1　　　　 C. 0　　　　 D. " "

解析: 函数 SPACE(0)的作用为生成 0 个空格,其长度为 0,故 LEN(SPACE(0))的运算结果是 0。

答案: C

【例 9】 设 X="11",Y="1122",下列表达式结果为假的是_____。(2006 年 4 月)

A. NOT (X==Y) AND (X$Y)　　　　 B. NOT (X$Y) OR (X◇Y)

C. NOT (X>=Y)　　　　 D. NOT (X$Y)

解析: X==Y 值为假,X$Y 的值为真,X◇Y 值为真,X>=Y 值为假,故 D 选项为假。

答案: D

【例 10】　在 Visual FoxPro 中，对于字段值为空值（NULL）叙述正确的是_____。（2007 年 4 月）

A．空值等同于空字符串　　　　　　　B．空值表示字段还没有确定值

C．不支持字段值为空值　　　　　　　D．空值等同于数值 0

解析：空值不等于空串""也不等于 0 或空格，Visual FoxPro 支持 NULL 值用来表示字段或变量没有确定的值。

答案：B

【例 11】　命令?VARTYPE(TIME( ))结果是_____。（2007 年 9 月）

A．C　　　　　　　B．D　　　　　　　C．T　　　　　　　D．出错

解析：函数 VARTYPE 以一个大写字母的形式返回括号内表达式的类型，而 TIME 函数返回的当前时间为字符型，所以选 A。

答案：A

【例 12】　命令? LEN(SPACE(3)-SPACE(2))的结果是_____。（2007 年 9 月）

A．1　　　　　　　B．2　　　　　　　C．3　　　　　　　D．5

解析：函数 SPACE 返回空格，而空格为字符型数据，相减做联接操作得到五个空格，LEN 函数返回字符串长度为 5，所以选 D。

答案：D

【例 13】　说明数组后，数组元素的初值是_____。（2008 年 9 月）

A．整数 0　　　　B．不定值　　　　C．逻辑真　　　　D．逻辑假

解析：数组元素在定义之后赋值之前默认值为逻辑假，所以选 D。

答案：D

【例 14】　设 a="计算机等级考试",结果为"考试"的表达式是_____。（2008 年 9 月）

A．LEFT(a,4)　　　B．RIGHT(a,4)　　　C．LEFT(a,2)　　　D．RIGHT(a,2)

解析：要得到题目要求的结果需要 a 从右端取四个字符，注意每个汉字占两个字符。

答案：B

【例 15】　在 Visual FoxPro 中，要想将日期型或日期时间型数据中的年份用四位数字显示，应当使用的设置命令为_____。（2010 年 9 月）

A．SET CENTURY ON　　　　　　　　B．SET CENTURY TO 4

C．SET YEAR TO 4　　　　　　　　　D．SET YAER TO yyyy

解析：SET CENTURY ON 命令设置日期中的年份用四位数字显示，SET CENTURY OFF 命令设置日期中的年份用两位数字显示。

答案：A

【例 16】　设 A=[6*8-2]、B=6*8-2、C="6*8-2"，属于合法表达式的是_____。（2010 年 9 月）

A．A+B　　　　B．B+C　　　　C．A-C　　　　D．C-B

解析：A 为字符型变量，B 为数值型变量，C 为字符型变量，字符型变量之间可以进行 "+" 或 "-" 运算，代表字符串联接。

答案：C

【例 17】 连续执行以下命令,最后一条命令的输出结果是_____。(2010 年 9 月)

```
SET EXACT OFF
a="北京"
b=(a="北京交通")
?b
```

A. 北京　　　　　　B. 北京交通　　　　　C. .F.　　　　　　D. 出错

解析: 由于变量 a 的值为 "北京",表达式 a="北京交通"为关系表达式,结果为.F.,故 b 的值为.F.。

答案: C

【例 18】 设 x="123", y=123, k="y",表达式 x+&k 的值是_____。(2010 年 9 月)

A. 123123　　　　　B. 246　　　　　　　C. 123y　　　　　　D. 数据类型不匹配

解析: 宏替换函数&的功能是替换出字符型变量的内容,&k 的结果是数值型变量 y,x 为字符型变量,故此表达式数据类型不匹配。

答案: D

【例 19】 运算结果不是 2010 的表达式是_____。(2010 年 9 月)

A. INT(2010.9)　　　　　　　　　B. ROUND(2010.1,0)

C. CEILING(2010.1)　　　　　　　D. FLOOR(2010.9)

解析: INT(<N>)是取整函数,INT(2010.9)=2010,ROUND(<N1>,<N2>)是四舍五入函数,对 N1 按照 N2 进行四舍五入,ROUND(2010.1,0)=2010,CEILING(<N>)函数的功能是求不小于 N 的最小整数,CEILING(2010.1)=2011,FLOOR(<N>)函数的功能是求不大于 N 的最大整数,FLOOR(2010.9)=2010。

答案: C

2.2.2　填空题

【例 1】 表达式 STUFF("GOODBOY",5,3,"GIRL")的运算结果是_____。(2003 年 9 月)

解析: 函数 STUFF("GOODBOY",5,3, "GIRL")的作用是将"GOODBOY"中的第五个字符开始的三个字符替换为"GIRL",所以结果为 GOODGIRL。注意:函数 STUFF( )不要求替换和被替换的字符个数相等。

答案: GOODGIRL

【例 2】 常量.n.表示的是_____型的数据。(2004 年 4 月)

解析: 常量.n.表示的是逻辑型的数据,相当于.f.,其中 "." 是定界符。此题常被误答为数值型。

答案: 逻辑

【例 3】 表示 "1962 年 10 月 27 日" 的日期常量应该写为_____。(2004 年 9 月)

解析: 表示 "1962 年 10 月 27 日" 的日期常量应采用严格日期格式。

答案: {^1962-10-27}

【例 4】 表达式{^2005-1-3 10:0:0}-{^2005-10-3 9:0:0}的数据类型是_____。

（2006 年 4 月）

解析：此表达式计算两个日期时间相差的秒数，其值为数值型。

答案：数值型(N)

【**例 5**】 ？AT("EN",RIGHT("STUDENT",4))的执行结果是_____。（2007 年 4 月）

解析：函数 RIGHT("STUDENT",4)的作用为从字符串"STUDENT"中右截取四个字符，其值为"DENT"；函数 AT(<C1>,<C2>[,<N>])的作用为从 N 位置开始求 C2 在 C1 中第一次出现的位置，省略 N 则从 1 开始起，即 AT("EN","DENT")，其值为 2。

答案：2

【**例 6**】 LEFT("12345.6789",LEN("子串"))的计算结果是_____。（2008 年 9 月）

解析：LEN("子串")判断字符串长度，结果为 4，LEFT 从"12345.6789"左端取前四位。

答案："1234"

【**例 7**】 表达式 score<=100 AND score>=0 的数据类型是_____。（2010 年 9 月）

解析：此表达式是用运算符 AND 联接的逻辑表达式，表达式值的数据类型为逻辑型。

答案：逻辑型或 L

【**例 8**】

```
A=10
B=20
?IIF(A>B,"A 大于 B","A 不大于 B")
```

执行下述程序段，显示的结果是_____。（2010 年 9 月）

解析：函数 IIF(<逻辑表达式>,<表达式 1>,<表达式 2>)的功能是：判断逻辑表达式的值，若为真则返回表达式 1 的值，若为假则返回表达式 2 的值。本例中，表达式 A>B 的值为假，故返回值为 "A 不大于 B"。

答案：A 不大于 B

2.3 测 试 题

2.3.1 选择题

1．在下面的 Visual FoxPro 表达式中，不正确的是_____。

A．{^2001-05-01 10:10:10AM}-10

B．{^2001-05-01}-DATE()

C．{^2001-05-01 10:10:10AM}+DATE()

D．{^2001-05-01 10:10:10AM}+1000

2．下列表达式中结果为 "计算机等级考试" 的表达式为_____。

A．"计算机"|"等级考试";   B．"计算机"&"等级考试"

C．"计算机"and "等级考试"   D．"计算机"+"等级考试"

3．关系运算符$用来判断一个字符串表达式是否_____另一个字符串表达式。

A．等于   B．完全等于   C．不等于   D．包含于

4. 以下日期正确的是_____。

　A. {"^2001-05-25"}　　　　　　　B. {'^2001-05-25'}

　C. {^2001-05-25}　　　　　　　　D. {[^2001-05-25]}

5. 设 N=886，M=345，K="M+N"，表达式 1+&K 的值是_____。

　A. 1232　　　　　　　　　　　　B. 数据类型不匹配

　C. 1+M+N　　　　　　　　　　　D. 346

6. Visual FoxPro 的表达式中不仅允许有常量、变量，而且还允许有_____。

　A. 过程　　　　B. 函数　　　　C. 子程序　　　　D. 主程序

7. 以下表达式的计算结果不是字符串"Teacher"的语句是_____。

　A. AT("MyTeacher", 3, 7)　　　　　B. SUBSTR("MyTeacher", 3, 7)

　C. RIGHT("MyTeacher", 7)　　　　　D. LEFT("Teacher", 7)

8. 如果一个运算表达式中包含有逻辑运算、关系运算和算术运算，并且其中未用圆括号规定这些运算的先后顺序，那么这样的综合型表达式的运算顺序是_____。

　A. 逻辑->算术->关系　　　　　　B. 关系->算术->逻辑

　C. 算术->逻辑->关系　　　　　　D. 算术->关系->逻辑

9. 已知 D1 和 D2 为日期型变量，下列四个表达式中非法的是_____。

　A. D1-D2　　　B. D1+D2　　　C. D1+28　　　D. D1-36

10. 下列四个表达式中，错误的是_____。

　A. "姓名: "+姓名　　　　　　　　B. "性别: "+性别

　C. "工资: "-工资　　　　　　　　D. "姓名"-姓名

11. 函数 INT(数值表达式) 的功能是_____。

　A. 按四舍五入取数值表达式值的整数部分

　B. 返回数值表达式值的整数部分

　C. 返回不大于数值表达式的最大整数

　D. 返回不小于数值表达式值的最小整数

12. 下列四个表达式中，运算结果为数值的是_____。

　A. "9988"-"1255"　　　　　　　　B. 200+800=1000

　C. CTOD([11/22/01])-20　　　　　D. LEN(SPACE(3))-1

13. 设有变量 sr="2000 年上半年全国计算机等级考试"，能够显示"2000 年上半年计算机等级考试"的命令是_____。

　A. ? sr"全国"

　B. ? SUBSTR(sr, 1, 8)+SUBSTR(sr, 11, 17)

　C. ? STR(sr, 1, 12)+STR(sr, 17, 14)

　D. ? SUBSTR(sr, 1, 12)+SUBSTR(sr, 17, 14)

14. 设有变量 pi=3.1415926，执行命令?ROUND(pi,3)的显示结果为_____。

　A. 3.141　　　B. 3.142　　　C. 3.140　　　D. 3.000

15. 6E-3 是一个_____。

　A. 内存变量　　　B. 字符常量　　　C. 数值常量　　　D. 非法表达式

16. 以下赋值语句正确的是_____。

A. STORE 8 TO X, Y
B. STORE 8, 9 TO X, Y
C. X=8,Y=9
D. X,Y=8

17. 下列选项中不能够返回逻辑值的是_____。

A. EOF() 　　　B. BOF() 　　　C. RECNO() 　　　D. FOUND()

18. 设有一个字段变量"姓名"，目前值为"王华"，又有一个内存变量"姓名"，其值为"李敏"，则命令?姓名显示的结果应为_____。

A. 王华 　　　B. 李敏 　　　C. "王华" 　　　D. "李敏"

19. 设字段变量"工作日期"为日期型，"工资"为数值型，则要想表达"工龄大于 30 年，工资高于 1500、低于 1800 元"这一命题，其表达式是_____。

A. 工龄>30. AND. 工资>1500. AND. 工资<1800

B. 工龄>30. AND. 工资>1500. OR. 工资<1800

C. INT（（DATE（）-工作日期）/365)>30. AND. 工资>1500. AND. 工资<1800

D. INT（（DATE（）-工作日期）/365)>30. AND. （工资>1500. OR. 工资<1800)

20. 下列说法中正确的是_____。

A. 若函数不带参数，则调用时函数名后面的圆括号可以省略

B. 函数若有多个参数，则各参数间应用空格隔开

C. 调用函数时，参数的类型、个数和顺序不一定要一致

D. 调用函数时，函数名后的圆括号不论有无参数都不能省略

21. 设 X="ABC"，Y="ABCD"，则下列表达式中值为.T. 的是_____。

A. X=Y 　　　B. X==Y 　　　C. X$Y 　　　D. AT（X, Y)=0

22. 逻辑型数据的取值不能是_____。

A. .T. 或.F.
B. .Y. 或.N.
C. .T. 或.F. 或.Y. 或.N.
D. T 或 F

23. 设字段变量 job 是字符型的，pay 是数值型的，能够表达"job 是处长且 pay 不大于 1000 元"的表达式是_____。

A. job=处长. AND. pay>1000
B. job="处长". AND. pay<1000
C. job="处长". AND. pay<=1000
D. job=处长. AND. pay<=1000

24. 当前记录号可用函数_____求得。

A. EOF（） 　　　B. BOF（） 　　　C. RECC（） 　　　D. RECNO（）

25. 假定 M= [22+28]，则执行命令?M 后屏幕将显示_____。

A. 50 　　　B. 22+28 　　　C. [22+28] 　　　D. 50.00

26. 下列表达式中，是逻辑型常量的是_____。

A. Y 　　　B. N 　　　C. NOT 　　　D. .F.

27. 下列选项中不是常量的是_____。

A. abc 　　　B. "abc" 　　　C. 1.4E+2 　　　D. ｛^1999/12/31｝

28. 变量名中不能包括_____。

A. 数字 　　　B. 字母 　　　C. 汉字 　　　D. 空格

29. 下列选项中得不到字符型数据的是_____。

A. DTOC（DATE（））
B. DTOC（DATE（），1）
C. STR（123.567）
D. AT（"1"，STR（1321））

30. ｛ˆ1999/05/01｝+31 的值应为_____。

A. ｛ˆ1999/06/01｝
B. ｛ˆ1999/05/31｝
C. ｛ˆ1999/06/02｝
D. ｛ˆ1999/04/02｝

31. 关于 Visual FoxPro 中的运算符的优先级，下列选项中不正确的是_____。

A. 算术运算符的优先级高于其他类型运算符

B. 字符串运算符"+"和"-"优先级相等

C. 逻辑运算符的优先级高于关系运算符

D. 所有关系运算符的优先级都相等

32. 下列选项中是严格日期型常量的是_____。

A. {"1999/12/31"}
B. {^1999/12/31}
C. 1999/12/31
D. CTOD（1999/12/31）

33. 命令"DIME array（5,5）"执行后，array（3,3）的值为_____。

A. 0
B. 1
C. .T.
D. .F.

34. 设当前数据库文件中含有字段 NAME，系统中有一个内存变量的名称也为 NAME，下面命令?NAME 显示的结果是_____。

A. 内存变量 NAME 的值
B. 字段变量 NAME 的值
C. 与该命令之前的状态有关
D. 错误信息

35. 职工数据库中有 D 型字段"出生日期"，要计算职工的整数实足年龄，应当使用命令_____。

A. ?DATE()-出生日期/365
B. ?(DATE()-出生日期)/365
C. ?INT((DATE()-出生日期)/365)
D. ?ROUND((DATE()-出生日期)/365)

36. 关于"?"和"??"，下列说法中错误的是_____。

A. ?和??只能输出多个同类型的表达式的值

B. ?从当前光标所在行的下一行第 0 列开始显示

C. ??从当前光标处开始显示

D. ?和??后可以没有表达式

37. ?DTOC（｛ˆ1998/09/28｝）的值应为_____。

A. 1998 年 9 月 28 日
B. 09/28/98
C. "1998/09/28"
D. "1998-09-28"

38. 下列数据中，不是常量的是 _____。

A. NAME
B. "年龄"
C. "91/01/02"
D. .T.

39. 执行如下命令的输出结果是_____。

　　? 15%4, 15%-4

A. 3　-1
B. 3　3
C. 1　1
D. 1　-1

2.3.2　填空题

1．命令?ROUND(337.2007,3)的执行结果是＿＿＿＿。

2．在 Visual FoxPro 中，若有 x=5，y=6，?(x=y).AnD. (x<y)，则结果是＿＿＿＿。

3．TIME()函数返回值的数据类型是＿＿＿＿。

4．Visual FoxPro 中逻辑运算符优先级最高的是＿＿＿＿。

5．设 Visual FoxPro 的当前状态已设置为 SET EXACT OFF，命令"? "你好吗?"= ［你好］"的显示结果是＿＿＿＿。

6．如果一个表达式中包含算术运算、关系运算、逻辑运算和函数时，则优先级最低的是＿＿＿＿。

7．Visual FoxPro 中，数值型常量是由数字、＿＿＿＿和正负号构成的。

8．Visual FoxPro 中，用于测试数据表中的记录指针是否指向文件尾的函数是＿＿＿＿。

9．Visual FoxPro 中的数组元素下标从＿＿＿＿开始。

10．? LEN("计算机")<LEN("COMPUTER") 的执行结果是＿＿＿＿。

11．? YEAR({^1999-12-30})的执行结果是＿＿＿＿。

12．? MONTH({^1999-12-30})的执行结果是＿＿＿＿。

13．? DAY({^1999-12-30})的执行结果是＿＿＿＿。

14．常量{^2009-10-01,15:30:30}的数据类型是＿＿＿＿。

15．? LEN(RTRIM("国庆"+"假期□□")) 的执行结果是＿＿＿＿。

16．? ROUND(123.456,2) 的执行结果是＿＿＿＿。

17．? ROUND(123.456,-2) 的执行结果是＿＿＿＿。

18．? REPLICATE("＄",6) 的执行结果是＿＿＿＿。

19．假设当前表、当前记录的"科目"字段值为"计算机"（字符型），在命令窗口输入如下命令将显示结果＿＿＿＿。

```
m=科目-"考试"
? m
```

2.4　测试题答案

选择题

1．C　 2．D　 3．D　 4．C　 5．A　 6．B　 7．A　 8．D　 9．B　　10．C
11．B　12．D　13．D　14．B　15．C　16．A　17．C　18．A　19．C　20．D
21．C　22．D　23．C　24．D　25．B　26．D　27．A　28．D　29．D　30．A
31．C　32．B　33．D　34．B　35．C　36．A　37．B　38．A　39．A

填空题

1．337.201　　　　　　　　　2．.F.

3. 字符型   4. not

5. .T.   6. 逻辑运算

7. 小数点   8. EOF()

9. 1   10. .T.

11. 1999   12. 12

13. 30   14. 日期时间型

15. 8   16. 123.46

17. 100   18. $$$$$$

19. 计算机考试

第3章 数据库与数据表

3.1 知 识 要 点

（1）数据库的建立、使用、修改和删除。
（2）数据库表的建立、表结构的修改。
（3）数据表的浏览，表记录的增加、删除、修改、显示，数据表的查询定位。
（4）索引的基本概念，索引的建立和使用。
（5）实体完整性、域完整性和参照完整性。
（6）多个表之间的关联。

3.2 典型试题与解析

3.2.1 选择题

【例1】 在 Visual FoxPro 中以下叙述正确的是_____。（2006年9月）

A．关系也被称作表单　　　　　　　　B．数据库文件不存储用户数据

C．表文件的扩展名是.DBC　　　　　　D．多个表存储在一个物理文件中

解析：在 Visual FoxPro 中，关系被称作表；表文件的扩展名是.DBF；每创建一个表就会产生一个.DBF 文件，多个表存储在多个物理文件中；用户数据存储在数据表中，数据库只是对其中的数据表进行组织和管理，数据库文件中不存储用户数据。

答案：B

【例2】 扩展名为.DBF 的文件是_____。（2004年9月）

A．表文件　　　B．表单文件　　　C．数据库文件　　　D．项目文件

解析：在 Visual FoxPro 中，数据库文件的扩展名为.DBC，表单文件的扩展名为.SCX，项目文件的扩展名为.PJX。

答案：A

【例3】 在 Visual FoxPro 中字段的数据类型不可以指定为_____。（2004年4月）

A．日期型　　　B．时间型　　　C．通用型　　　D．备注型

解析：Visual FoxPro 中支持的数据类型有字符型、数值型、整型、浮点型、双精度型、货币型、日期型、日期时间型、逻辑型、备注型、通用型、字符型二进制、备注型二进制。

答案：B

【例 4】 在 Visual FoxPro 中，下列关于表的叙述正确的是_____。（2005 年 4 月）

A．在数据库表和自由表中，都能给字段定义有效性规则和默认值

B．在自由表中，能给表中的字段定义有效性规则和默认值

C．在数据库表中，能给表中的字段定义有效性规则和默认值

D．在数据库表和自由表中，都不能给字段定义有效性规则和默认值

解析：自由表不属于任何数据库，不能定义记录级规则和字段级规则。

答案：C

【例 5】 下面有关数据库表和自由表的叙述中，错误的是_____。（2007 年 9 月）

A．数据库表和自由表都可以用表设计器来建立

B．数据库表和自由表都支持表间联系和参照完整性

C．自由表可以添加到数据库中成为数据库表

D．数据库表可以从数据库中移出成为自由表

解析：在 Visual FoxPro 中，根据数据表是否属于数据库，可以把数据表分为数据库表和自由表两类。数据库表和自由表可以相互转换，将数据库表从数据库中移出，数据库表就成为自由表；将一个自由表添加到某一数据库时，自由表就成为数据库表。数据库表支持主关键字、参照完整性和表之间的联系。

答案：B

【例 6】 数据库表的字段可以定义默认值，默认值是_____。（2004 年 4 月）

A．逻辑表达式　　　 B．字符表达式　　　 C．数值表达式　　　 D．前三种都可能

解析：数据库表可以建立字段的有效性规则，其中规则是逻辑表达式，信息是字符表达式，默认值的类型由字段类型决定。

答案：D

【例 7】 数据库的字段可以定义规则，规则是_____。（2004 年 4 月）

A．逻辑表达式　　　　　　　　　　 B．字符表达式

C．数值表达式　　　　　　　　　　 D．前三种说法都不对

解析：同例 6。

答案：A

【例 8】 在 Visual FoxPro 中，数据库表的字段或记录的有效性规则的设置可以在_____。（2007 年 4 月）

A．项目管理器中进行　　　　　　　 B．数据库设计器中进行

C．表设计器中进行　　　　　　　　 D．表单设计器中进行

解析：在数据库表的表设计器中，选择"字段"选项卡，可以设置字段的有效性规则；选择"表"选项卡，可以设置记录的有效性规则。

答案：C

【例 9】 假设在数据库表的表设计器中，字符型字段"性别"已被选中，正确的有效性规则设置是_____。（2010 年 9 月）

A．="男".OR."女"　　　　　　　　　 B．性别="男".OR."女"

C．$"男女"　　　　　　　　　　　　 D．性别$"男女"

解析：性别只为"男"或"女"的有效性规则设置方法 1 为：性别$"男女"；方法 2

为：性别="男".OR.性别="女"

答案：D

【例10】　使用索引的主要目的是_____。（2009年9月）

A. 提高查询速度　　　　　　　　　B. 节省存储空间

C. 防止数据丢失　　　　　　　　　D. 方便管理

解析：使用索引技术可以使表记录按照一定的顺序排列，以提高数据的查询速度。

答案：A

【例11】　在指定字段或表达式中不允许出现重复值的索引是_____。（2005年4月）

A. 唯一索引　　　　　　　　　　　B. 唯一索引和候选索引

C. 唯一索引和主索引　　　　　　　D. 主索引和候选索引

解析：主索引和候选索引具有关键字特性，在指定字段或表达式中不允许出现重复值，二者区别是：主索引只能在数据库表中创建，一个表中只能创建一个主索引；而候选索引可以在数据库表和自由表中创建，一个表中能创建多个候选索引。唯一索引和普通索引允许字段出现重复值，唯一索引的唯一性是指索引项的唯一，而不是字段值的唯一；普通索引的索引项也允许出现重复值。

答案：D

【例12】　在 Visual FoxPro 中，下面关于索引的正确描述是_____。（2007年4月）

A. 当数据表建立索引以后，表中的记录的物理顺序将被改变

B. 索引的数据将与表的数据存储在一个物理文件中

C. 建立索引是创建一个索引文件，该文件包含指向表记录的指针

D. 使用索引可以加快对表的更新操作

解析：数据表建立索引后，生成一个索引文件，该文件包含指向表记录的指针，表中记录的物理顺序将不改变。使用索引可以加快对表的查询。

答案：C

【例13】　在表设计器的"字段"选项卡中可以创建的索引是_____。（2004年9月）

A. 唯一索引　　　B. 候选索引　　　C. 主索引　　　D. 普通索引

解析：在表设计器的"字段"选项卡中可以创建普通索引，在"索引"选项卡中可以创建主索引、候选索引、唯一索引和普通索引。

答案：D

【例14】　在 Visual FoxPro 中，若所建立索引的字段值不允许重复，并且一个表中只能创建一个，这种索引应该是_____。（2009年3月）

A. 主索引　　　　B. 唯一索引　　　C. 候选索引　　　D. 普通索引

解析：主索引和候选索引具有关键字特性，在指定字段或表达式中不允许出现重复值，二者区别是：主索引只能在数据库表中创建，一个表中只能创建一个主索引；而候选索引可以在数据库表和自由表中创建，一个表中能创建多个候选索引。唯一索引和普通索引允许字段出现重复值。

答案：A

【例15】　在表设计器中设置的索引包含在_____。（2010年9月）

A. 独立索引文件中　　　　　　　　B. 唯一索引文件中

C. 结构复合索引文件中　　　　　　　D. 非结构复合索引文件中

解析：复合索引文件可以包含多个索引，每个索引有一个索引标识名，用户可以利用标识名来区分和使用索引。在"表设计器"中建立的索引保存在主文件名为表名，扩展名为.CDX 的结构复合索引文件中。

答案：C

【例16】　通过指定字段的数据类型和宽度来限制该字段的取值范围，这属于数据完整性中_____。（2003 年 9 月）

A. 参照完整性　　B. 实体完整性　　　C. 域完整性　　　　D. 字段完整性

解析：数据完整性包括实体完整性、域完整性和参照完整性。实体完整性是保证表中记录唯一的特性，即在一个表中不允许有重复的记录。在 Visual FoxPro 中利用主关键字或候选关键字来保证实体完整性；域完整性是表中域的特性，对表中字段取值的限定都认为是域完整性的范围，字段有效性规则主要用于数据输入正确性的检验。参照完整性与表之间的联系有关，当插入、删除或修改一个表中的数据时，通过参照引用相互关联的另一个表中的数据，来检查对表的数据操作是否正确。

答案：C

【例17】　在创建数据库表结构时，给该表指定了主索引，这属于数据完整性中的_____。（2005 年 4 月）

A. 参照完整性　　B. 实体完整性　　　C. 域完整性　　　　D. 用户定义完整性

解析：同例 14。

答案：B

【例18】　为了设置两个表之间的数据参照完整性，要求这两个表是_____。（2003 年 9 月）

A. 同一个数据库中的两个表　　　　B. 两个自由表

C. 一个自由表和一个数据库表　　　D. 没有限制

解析：要设置两个表之间的数据参照完整性，则这两个表之间必须存在永久关系。只有两个表在同一数据库中才能设置永久关系。

答案：A

【例19】　如果指定参照完整性的删除规则为"级联"，则当删除父表中的记录时_____。（2010 年 3 月）

A. 系统自动备份父表中被删除记录到一个新表中

B. 若子表中有相关记录，则禁止删除父表中记录

C. 会自动删除子表中所有相关记录

D. 不作参照完整性检查，删除父表记录与子表无关

解析：参照完整性的删除规则包括级联、限制和忽略三个选项。删除规则规定了当删除父表中的记录时，如果选择级联，则自动删除子表中的所有相关记录；如果选择限制，若子表中有相关的记录，则禁止删除父表中的记录；如果选择忽略，不作参照完整性检查，即删除父表的记录时与子表无关。

答案：C

【例 20】   在建立表间一对多的永久联系时，主表的索引类型必须是＿＿＿。（2010 年 9 月）

A．主索引或候选索引

B．主索引、候选索引或唯一索引

C．主索引、候选索引、唯一索引或普通索引

D．可以不建立索引

解析：在数据库设计器中设计表之间的联系时，要在父表中建立主索引或候选索引，在子表中建立主索引、候选索引、唯一索引或普通索引，然后通过父表和子表的索引建立两表之间的联系。

答案：A

【例 21】   设有两个数据库表，父表和子表之间是一对多的联系，为控制子表和父表的关联，可以设置"参照完整性规则"，为此要求这两个表＿＿＿。（2005 年 4 月）

A．在父表连接字段上建立普通索引，在子表连接字段上建立主索引

B．在父表连接字段上建立主索引，在子表连接字段上建立普通索引

C．在父表连接字段上不需要建立任何索引，在子表连接字段上建立普通索引

D．在父表和子表的连接字段上都要建立主索引

解析：通过父表的主索引和子表的普通索引建立两表之间的一对多联系。

答案：B

【例 22】   Visual FoxPro 的"参照完整性"中"插入规则"包括的选项是＿＿＿。（2005 年 4 月）

A．级联和忽略   B．级联和删除   C．级联和限制   D．限制和忽略

解析：参照完整性的规则包括更新规则、删除规则和插入规则。在更新规则和删除规则中都包括级联、限制和忽略三个选项，而插入规则中只包括限制和忽略两个选项。

答案：D

【例 23】   参照完整性规则的更新规则中"级联"的含义是＿＿＿。（2008 年 4 月）

A．更新父表中连接字段值时，用新的连接字段自动修改子表中的所有相关记录

B．若子表中有与父表相关的记录，则禁止修改父表中连接字段值

C．父表中的连接字段值可以随意更新，不会影响子表中的记录

D．父表中的连接字段值在任何情况下都不允许更新

解析：参照完整性规则包括更新规则、删除规则和插入规则，更新规则规定了当更新父表中的连接字段（主关键字）值时，"级联"表示用新的连接字段值自动修改子表中的所有相关记录；删除规则规定了当删除父表中的记录时，"级联"表示自动删除子表中的所有相关记录。

答案：A

【例 24】   在 Visual FoxPro 中，有关参照完整性的删除规则正确的描述是＿＿＿。（2009 年 3 月）

A．如果删除规则选择的是"限制"，则当用户删除父表中的记录时，系统将自动删除子表中的所有相关记录

B．如果删除规则选择的是"级联"，则当用户删除父表中的记录时，系统将禁止删除与子表相关的父表中的记录

C. 如果删除规则选择的是 "忽略"，则当用户删除父表中的记录时，系统不负责检查子表中是否有相关记录

D. 上面三种说法都不对

解析： 参照完整性规则包括更新规则、删除规则和插入规则，删除规则规定了当删除父表中的记录时，"级联" 表示自动删除子表中的所有相关记录；"限制" 表示若子表中有相关的记录，则禁止删除父表中的记录；"忽略" 表示不作参照完整性检查，即删除父表的记录时与子表无关。

答案： C

【例 25】 在 Visual FoxPro 中，假定数据库表 S (学号,姓名,性别,年龄) 和 SC(学号,课程号,成绩) 之间使用 "学号" 建立了表之间的永久联系，在参照完整性的更新规则、删除规则和插入规则中设置了 "限制"，如果表 S 所有的记录在表 SC 中都有相关联的记录，则_____。（2007 年 4 月）

A. 允许修改表 S 中的学号字段值　　　　B. 允许删除表 S 中的记录

C. 不允许修改表 S 中的学号字段值　　　D. 不允许在表 S 中增加新的记录

解析： 数据库表之间的参照完整性规则包括级联、限制和忽略，如果将两个表之间的更新规则、插入规则和删除规则中都设置了 "限制"，则不允许修改两个表之间的公共字段。

答案： C

【例 26】 打开数据库 abc 的正确命令是_____。（2005 年 4 月）

A. OPEN　DATABASE　abc　　　　B. USE　abc

C. USE　　DATABASE　abc　　　　D. OPEN　abc

解析： 在 Visual FoxPro 中，打开数据库的命令是 OPEN DATABASE <数据库名>，打开数据表的命令是 USE <表名>。

答案： A

【例 27】 MODIFY STRUCTURE 命令的功能是_____。（2008 年 4 月）

A. 修改记录值　　　　　　　　　　B. 修改表结构

C. 修改数据库结构　　　　　　　　D. 修改数据库或表结构

解析： MODIFY　STRUCTURE 命令没有参数，其功能是修改已经打开的表结构。

答案： B

【例 28】 在数据库中建立表的命令是_____。（2009 年 9 月）

A. CREATE　　　　　　　　　　　B. CREATE DATABASE

C. CREATE QUERY　　　　　　　　D. CREATE FORM

解析： CREATE　DATABASE 用于创建数据库；CREATE　QUERY 用于创建查询；CREATE　FORM 用于查询表单；直接用 CREATE 用于创建表。

答案： A

【例 29】 有关 ZAP 命令的描述，正确的是_____。（2007 年 9 月）

A. ZAP 命令只能删除当前表的当前记录

B. ZAP 命令只能删除当前表的带有删除标记的记录

C. ZAP 命令能删除当前表的全部记录

D．ZAP 命令能删除表的结构和全部记录

解析：ZAP 命令用于删除表中的全部记录，只删除记录，表结构依然存在。

答案：C

【例 30】　要为当前表所有性别为"女"的职工增加 100 元工资，应使用命令_____。（2008 年 4 月）

A．REPLACE ALL　工资　WITH　工资+100

B．REPLACE　工资　WITH　工资+100 FOR　性别="女"

C．REPLACE ALL　工资　WITH　工资+100

D．CHANGE ALL　工资　WITH　工资+100 FOR　性别="女"

解析：CHANGE 命令用于对表中的记录进行编辑和修改。REPLACE 命令用指定表达式的值修改记录。REPLACE <字段> WITH <表达式> FOR <条件>，表示把表中满足条件记录的指定字段的值替换成表达式的值。

答案：B

【例 31】　在当前打开的表中，显示"书名"以"计算机"打头的所有图书，正确的命令是_____。（2010 年 9 月）

A．list for 书名="计算*"　　　　　　　　B．list for 书名="计算机"

C．list for 书名="计算%"　　　　　　　　D．list where 书名="计算机"

解析：LIST 是 Visual FoxPro 命令，命令格式为 LIST <字段名表> FOR <条件>，条件中可以使用通配符"?"和"*"，所以 C 和 D 是错误的；而 A 是显示"书名"以"计算"打头的所有图书；B 中条件表达式：书名="计算机"，默认是模糊比较，即等号右边的字符串是左边字段值的左子串就相等。

答案：B

【例 32】　假设职员表已在当前工作区打开，其当前记录的"姓名"字段值为"李彤"（C 型字段）。在命令窗口输入并执行如下命令：

　　　　姓名=姓名-"出勤"

　　　　?姓名

屏幕上会显示_____。（2010 年 3 月）

A．李彤　　　　　B．李彤出勤　　　　　C．李彤.出勤　　　　　D．李彤-出勤

解析：在表达式姓名=姓名-"出勤"中，等号右侧的"姓名"为字段变量，等号左侧的"姓名"为内存变量，表达式执行后，左侧内存变量"姓名"的值为"李彤出勤"，字段变量"姓名"的值不变，仍为"李彤"。此时语句"?姓名"输出的是字段变量的值，故为"李彤"，若想输出内存变量的值，可以将语句改为"?M.姓名"或"?M->姓名"。

答案：A

【例 33】　用命令"INDEX ON 姓名 TAG index_name"建立索引，其索引类型是_____。（2003 年 9 月）

A．主索引　　　　B．候选索引　　　　C．普通索引　　　　D．唯一索引

解析：INDEX 命令可以建立普通索引、候选索引和唯一索引，但是候选索引和唯一索引需要使用关键字 CANDIDATE 和 UNIQUE。

答案：C

【例 34】　执行 INDEX ON 姓名 TAG index_name 命令建立索引后，下列叙述错误的是＿＿＿。（2003 年 9 月）

A．此命令建立的索引是当前有效索引

B．此命令所建立的索引将保存在.idx 文件中

C．表中记录按索引表达式升序排序

D．此命令的索引表达式是"姓名"，索引名是"index_name"

解析： 此命令执行后将建立一个按升序排序、索引表达式是"姓名"、索引文件名是"index_name.cdx"的复合索引。

答案：B

【例 35】　已知表中有字符型字段职称和性别，要建立一个索引，要求首先按职称排序，职称相同时再按性别排序，正确的命令是＿＿＿。（2007 年 9 月）

A．INDEX ON 职称+性别 TO ttt　　　　B．INDEX ON 性别+职称 TO ttt

C．INDEX ON 职称，性别 TO ttt　　　　D．INDEX ON 性别，职称 TO ttt

解析： 建立索引文件的格式是 INDEX ON ＜索引表达式＞ TO ＜单索引文件名＞ | TAG ＜索引标识名＞ [OF＜复合索引文件名＞]，对多个字段索引，用"+"将多个字段连接，若字段类型不同，转换成相同类型后再连接。

答案：A

【例 36】　打开表并设置当前有效索引（相关索引已建立）的正确命令是＿＿＿。（2003 年 9 月）

A．ORDER student IN 2 INDEX 学号

B．USE student IN 2 ORDER 学号

C．INDEX 学号 ORDER student

D．USE student IN 2

解析： USE student IN 2 ORDER 学号：表示在第二工作区打开 student 表，并设置学号为当前有效索引。

答案：B

【例 37】　有一个学生表文件，且通过表设计器已经为该表建立了若干普通索引。其中一个索引的索引表达式为姓名字段，索引名为 XM。现假设学生表已经打开，且处于当前工作区中，那么可以将上述索引设置为当前索引的命令是＿＿＿。（2005 年 9 月）

A．SET INDEX TO 姓名　　　　　　　　B．SET INDEX TO XM

C．SET ORDER TO 姓名　　　　　　　　D．SET ORDER TO XM

解析： 在数据表已经打开的情况下，设置当前索引的命令格式是 SET ORDER TO ＜索引文件名＞。

答案：D

【例 38】　在 Visual FoxPro 中，使用 LOCATE FOR＜条件＞命令按条件查找记录，当查找到满足条件的第一条记录后，如果还需要查找下一条满足条件的记录，应使用＿＿＿。（2005 年 4 月）

A．再次使用 LOCATE FOR＜条件＞命令　B．SKIP 命令

　　C. CONTINUE 命令　　　　　　　　　　D. GO 命令

　　解析: LOCATE FOR <条件>命令用于查询数据表中满足条件的第一条记录, CONTINUE 命令常与 LOCATE 命令配合使用, 用于查询满足 LOCATE 条件的下一条记录。

　　答案: C

　　【例 39】　在 Visual FoxPro 中, 每一个工作区中最多能打开数据库表的数量是_____。(2009 年 3 月)

　　A. 1 个　　　　　　　　　　　　　　　B. 2 个

　　C. 任意个, 根据内存资源而确定　　　　D. 35535 个

　　解析: 一个工作区只能同时打开一个表, 若同一时刻需要打开多个表, 则需要选择多个不同的工作区。

　　答案: A

　　【例 40】　命令 SELECT 0 的功能是_____。(2007 年 9 月)

　　A. 选择编号最小的未使用工作区　　　　B. 选择 0 号工作区

　　C. 关闭当前工作区的表　　　　　　　　D. 选择当前工作区

　　解析: 在 Visual FoxPro 中支持多工作区, SELECT <工作区号>: 用于选择一个工作区为当前工作区, 若工作区号为 0, 则选用当前未使用过的编号最小的工作区为当前工作区。

　　答案: A

　　【例 41】　假设表 "学生. dbf" 已在某个工作区打开, 且取别名为 student。选择 "学生" 表所在工作区为当前工作区的命令是_____。(2010 年 9 月)

　　A. SELECT 0　　B. USE 学生　　C. SELECT 学生　　D. SELECT student

　　解析: 选择工作区的命令是: SELECT <工作区号>|<别名>。

　　答案: D

　　【例 42】　执行 USE sc IN 0 命令的结果是_____。(2009 年 3 月)

　　A. 选择 0 号工作区打开 sc 表　　　　　　B. 选择空闲的最小号的工作区打开 sc 表

　　C. 选择第一号工作区打开 sc　　　　　　D. 显示出错信息

　　解析: USE sc IN 0 等价于下面两条命令:

```
SELECT 0      &&选择空闲的最小号工作区
USE sc        &&打开 sc 表
```

　　答案: B

　　【例 43】　两表之间 "临时性" 联系称为 "关联", 在两个表之间的关联已经建立的情况下, 有关 "关联" 的正确叙述是_____。(2003 年 9 月)

　　A. 建立关联的两个表一定在同一个数据库中

　　B. 两表之间 "临时性" 联系是建立在两表之间 "永久性" 联系基础之上的

　　C. 当父表记录指针移动时, 子表记录指针按一定的规则跟随移动

　　D. 当关闭父表时, 子表自动被关闭

　　解析: 关联是在两个表文件的记录指针之间建立一种临时关系, 当一个表 (父表)

的记录指针移动时，与之关联的另一个表（子表）的记录指针也作相应的移动。建立永久性关系，要求两表属于同一个数据库，关联不需要。关联时需要在两个不同的工作区中打开父表和子表，关闭父表时不会自动关闭子表。

答案：C

3.2.2 填空题

【例1】 在 Visual FoxPro 中，数据库文件的扩展名是_____，数据表文件的扩展名是_____。（2003 年 4 月）

解析：Visual FoxPro 系统支持多种文件类型，每种文件类型有各自的文件扩展名。

答案：DBC（或.DBC），DBF（或.DBF）

【例2】 在 Visual FoxPro 中，职工表 EMP 中包含有通用型字段，表中通用型字段中的数据均存储到另一个文件中，该文件名为_____。（2010 年 3 月）

解析：在 Visual FoxPro 中，通用型和备注型字段中的数据单独存储到主文件名为当前表名，扩展名为 FTP 的文件中，本题表名为 EMP，故存储到 EMP.FTP 文件中。

答案：EMP.FTP

【例3】 在关系表中，要求字段名_____重复。（2008 年 4 月）

解析：关系表中的字段具有唯一性，定义时不允许有相同的字段名。

答案：不能

【例4】 在 Visual FoxPro 中，所谓自由表就是那些不属于任何_____的表。（2006 年 9 月）

解析：在 Visual FoxPro 中，数据表分为自由表和数据库表两种，不属于任何数据库的表称为自由表，自由表和数据库表可以相互转化。

答案：数据库

【例5】 在定义字段有效性规则时，在规则框中输入的表达式类型是_____。（2006 年 4 月）

解析：定义字段有效性规则有三项，在规则框中输入的表达式是逻辑型表达式，在信息框中输入的表达式是字符型表达式，默认值的类型由字段类型确定。

答案：逻辑型

【例6】 在 Visual FoxPro 中，建立数据库表时，将年龄字段值限制在 18～45 岁之间的这种约束属于_____完整性约束。（2010 年 3 月）

解析：在 Visual FoxPro 中，建立数据库表时，对字段的取值范围约束属于域完整性约束。

答案：域

【例7】 在 Visual FoxPro 中，可以在表设计器中为字段设置默认值的表是_____。（2005 年 4 月）

解析：在数据库表中可以设置字段有效性规则，在自由表中不能设置。

答案：数据库表

【例8】 在 Visual FoxPro 中，建立索引的作用之一是提高_____速度。（2003 年 9 月）

解析：建立索引的主要作用是可以提高数据的查询速度。

答案：查询

【例 9】　Visual FoxPro 索引文件不改变表中记录的＿＿＿＿顺序。（2010 年 9 月）

解析：索引是由指针构成的文件，这些指针逻辑上按照索引关键字的值进行排序，但不改变表中记录的物理顺序。

答案：物理

【例 10】　在 Visual FoxPro 中，数据库表中不允许有重复记录是通过指定＿＿＿＿来实现的。（2005 年 9 月）

解析：在 Visual FoxPro 中，利用主关键字或候选关键字来保证表中记录唯一，即保证数据的实体完整性。

答案：主索引（主关键字）或候选索引（候选关键字）

【例 11】　每个数据库表可以建立多个索引，但是＿＿＿＿只能建立一个。（2008 年 9 月）

解析：在 Visual FoxPro 中，索引按照功能的不同，可以分为主索引、候选索引、普通索引、唯一索引四种类型，其中主索引只能在数据库表中建立，每个数据库表只能建立一个主索引，其他三种索引即可以在数据库表又可以在自由表中建立，每个数据库表可以建立多个候选索引、普通索引和唯一索引。

答案：主索引

【例 12】　在 Visual FoxPro 中，通过建立数据库表的主索引可以实现数据的＿＿＿＿完整性。（2007 年 4 月）

解析：在 Visual FoxPro 中，主索引或候选索引能够唯一标识表中的每个记录，不允许重复，可以保证数据的实体完整性。

答案：实体

【例 13】　使用数据库设计器为两个表建立联系，首先应在父表中建立＿＿＿＿索引，在子表中建立＿＿＿＿索引。（2004 年 4 月）

解析：在数据库设计器中为两个表建立联系时，要在父表中建立主索引，在子表中建立普通索引，然后通过父表中的主索引和子表中的普通索引建立两个表之间的永久性联系。

答案：主索引，普通索引

【例 14】　参照完整性规则包括更新规则、删除规则和＿＿＿＿规则。（2010 年 9 月）

解析：参照完整性规则包括更新规则、删除规则和插入规则。

答案：插入

【例 15】　当删除父表中的记录时，若子表中的所有相关记录也能自动删除，则相应的参照完整性的删除规则为＿＿＿＿。（2004 年 9 月）

解析：在删除规则中，当删除父表中的记录时，如果选择级联，则自动删除子表中的所有相关记录；如果选择限制，若子表中有相关的记录，则禁止删除父表中的记录；如果选择忽略，则不作参照完整性检查，即删除父表的记录时与子表无关。

答案：级联

【例 16】　在 Visual FoxPro 中的"参照完整性"中，"插入规则"包括的选择是"限制"和＿＿＿＿。（2009 年 9 月）

解析：插入规则规定了当插入子表中的记录时，是否进行参照完整性检查，包括限制和忽略两个选项。选择限制，若父表中没有相匹配的连接字段值则禁止插入记录；选择忽略，不作参照完整性检查，即可以随意插入记录。

答案：忽略

【例17】　在 Visual FoxPro 文件中，CREATE DATABASE 命令创建一个扩展名为_____的数据库（2003 年 9 月）

解析：数据库文件的扩展名为.DBC，数据表文件的扩展名为.DBF。

答案：.DBC

【例18】　将数据库表变为自由表的命令是_____TABLE。（2004 年 9 月）

解析：将数据库表从数据库中移出的命令是 REMOVE TABLE <数据库表名> [DELETE|RECYCLE]，选择[DELETE|RECYCLE]则删除数据库表。

答案：REMOVE

【例19】　在 Visual FoxPro 中，修改表结构的非 SQL 命令是_____。（2007 年 9 月）

解析：在 Visual FoxPro 中，可以通过 SQL 命令（ALTER）或非 SQL 命令（MODIFY STRUCTURE）修改表结构。

答案：MODIFY STRUSTURE

【例20】　不带条件的 DELETE 命令（非 SQL 命令）将删除指定表的_____记录。（2006 年 9 月）

解析：不带条件的 DELETE 命令将逻辑删除当前记录，而作为 SQL 命令不带条件时，则逻辑删除表中的所有记录。

答案：当前

【例21】　Visual FoxPro 中，在当前打开的表中物理删除带有删除标记记录的命令是_____。（2008 年 4 月）

解析：Visual FoxPro 中物理删除当前表中的记录有两个命令：PACK 表示物理删除当前表中标记为逻辑删除的记录；ZAP 表示物理删除当前表中的所有记录。

答案：PACK

【例22】　在 Visual FoxPro 中，设有一个学生表 STUDENT，其中有学号、姓名、年龄、性别等字段，用户可以用命令“_____年龄 WITH 年龄+1”将表中所有学生的年龄增加一岁。（2009 年 3 月）

解析：REPLACE <字段> WITH <表达式>，表示把表中当前记录的指定字段的值替换成表达式的值；REPLACE ALL <字段> WITH <表达式>，表示把表中所有记录的指定字段的值替换成表达式的值。

答案：REPLACE ALL

【例23】　在 Visual FoxPro 中，使用 LOCATE ALL 命令按条件对表中的记录进行查找，若查不到记录，函数 EOF( )的返回值应是_____。（2007 年 9 月）

解析：LOCATE 命令查找到满足条件的第一条记录时，就结束查找并将记录指针指向该记录，此时函数 FOUND()的返回值为.T.，函数 EOF()的返回值为.F.。如果没有查找到满足条件的记录，则记录指针指向“范围”尾记录，若范围为 ALL，则记录指针指向文件结束标志，此时函数 FOUND()的返回值为.F.，函数 EOF()的返回值为.T.。

答案：.T.

【例 24】　在 Visual FoxPro 中，选择一个没有使用的、编号最小的工作区的命令是_____。（2003 年 9 月）

解析：启动 Visual FoxPro 时，默认一号工作区是当前工作区，SELECT　<工作区号>|<工作区别名> 可改变当前工作区。SELECT 0，表示选用当前未使用过的编号最小的工作区为当前工作区。

答案：SELECT　0

3.3　测　试　题

3.3.1　选择题

1. 可以链接或嵌入 OLE 对象的字段类型是_____。

A. 备注型字段　　B. 字符型字段　　C. 任何类型字段　　D. 通用型字段

2. 在 Visual FoxPro 中，下列各项数据类型在数据表中宽度相等的是_____。

A. 日期型和逻辑型　　　　　　　　B. 日期型和通用型号

C. 逻辑型和备注型　　　　　　　　D. 备注型和通用型

3. 以下关于主索引和候选索引的叙述正确的是_____。

A. 主索引和候选索引都能保证表记录的唯一性

B. 主索引和候选索引都可以建立在数据库表和自由表上

C. 主索引可以保证表记录的唯一性，而候选索引不能

D. 主索引和候选索引是相同的概念

4. 某数据表中定义了三个备注型字段和两个通用型字段，则相应的备注型文件的个数是_____。

A. 0　　　　　　　B. 1　　　　　　　C. 2　　　　　　　D. 不确定

5. 在创建数据库表结构时，为该表中一些字段建立普通索引，其目的是_____。

A. 改变表中记录的物理顺序　　　　B. 为了对表进行实体完整性的约束

C. 加快数据库表的更新速度　　　　D. 加快数据库表的查询速度

6. 用命令"INDEX ON 姓名 TAG index_name UNIQUE"建立索引，其索引类型是_____。

A. 主索引　　　　B. 候选索引　　　　C. 普通索引　　　　D. 唯一索引

7. 在 Visual FoxPro 中，使用 LOCATE FOR <条件>命令查找记录，通过下面_____来判断找到满足条件的记录。

A. FOUND()函数返回.F.值　　　　　B. BOF()函数返回.T.值

C. EOF()函数返回.T.值　　　　　　D. EOF()函数返回.F.值

8. 某数据库文件有字符型、数值型和逻辑型三个字段，其中字符型字段宽度为 5，数值型字段宽度为 6，小数位为 2，库文件中共有 100 条记录，则全部记录需要占用的存储字节数目是_____。

A. 1100　　　　　B. 1200　　　　　C. 1300　　　　　D. 1400

9. 某数值型字段的宽度为 6，小数位为 2，则该字段所能存放的最小数值是_____。

A. 0 B. -999.99 C. -99.99 D. -9999.99

10. 如果要在当前表中新增一个字段，应使用_____命令。

A. MODIFY STRUCTURE B. APPEND
C. INSERT D. EDIT

11. 下列字段名中不合法的是_____。

A. 计算机 B. 123abc C. abc_2 D. student

12. 要存储员工上、下班打卡的日期和时间，应采用_____字段。

A. 字符型 B. 日期型 C. 日期时间型 D. 备注型

13. Visual FoxPro 中的参照完整性包括_____。

A. 更新规则 B. 删除规则 C. 插入规则 D. 以上答案均正确

14. Visual FoxPro 中能够进行条件定位的命令是_____。

A. SKIP B. GO C. LOCATE D. SEEK

15. Visual FoxPro 中设置参照完整性时，要设置成：当更改父表中的主关键字段或候选关键字段时，自动更改所有相关子表记录中的对应值，应先选择_____。

A. 忽略 B. 级联 C. 限制 D. 忽略或限制

16. 若当前数据表共有 10 条记录，且无索引文件处于打开状态，执行命令 GO 5 后接着执行命令 INSERT BLANK BEFORE，则此时记录指针指向第_____条记录。

A. 4 B. 5 C. 6 D. 11

17. 在 Visual FoxPro 中，以只读方式打开数据库文件的选项是_____。

A. EXCLUSIVE B. SHARED
C. NOUPDATE D. VALIDATE

18. 对数据表的结构进行操作，是在_____环境下完成的。

A. 表设计器 B. 表向导 C. 表浏览器 D. 表编辑器

19. 使用 SEEK 命令搜索表中出生日期为 01/23/1996 的记录，应执行_____命令。

A. SEEK ｛^1996/01/23｝ B. SEEK ｛01/23/96｝
C. SEEK ｛96/01/23｝ D. SEEK ｛01/23/1996｝

20. 以下索引文件会随着表的打开而自动打开，随着表的关闭而自动关闭的是_____。

A. 结构复合索引文件 B. 独立复合索引文件
C. 单索引文件 D. 以上都是

21. 设表中有两条记录，当 BOF()的返回值为.T.时，其记录号为_____。

A. 0 B. 1 C. 2 D. .T.

22. 使用 INDEX 命令不能为数据表创建_____。

A. 普通索引 B. 候选索引 C. 主索引 D. 唯一索引

23. 使用 INDEX 命令创建候选索引时，应选参数_____。

A. ASCENDING B. DESCENDING
C. CANDIDATE D. UNIQUE

24. 一个数据表中的"婚否"字段为逻辑型，要显示所有已婚人的信息，应执行命令_____。

A. LIST FOR 婚否 B. LIST FOR 婚否="真"

C．LIST FOR 婚否="已婚"　　　　　　D．LIST　婚否

25．学生关系中有姓名、性别、出生日期等字段，要显示所有 1985 年出生的学生名单，应使用的命令是_____。

A．LIST 姓名 FOR 出生日期=1985

B．LIST 姓名 FOR 出生日期="1985"

C．LIST 姓名 FOR YEAR（出生日期）=1985

D．LIST 姓名 FOR YEAR（"出生日期"）=1985

26．要为当前所有学生的年龄增加两岁，应输入的命令是_____。

A．CHANGE ALL 年龄 WITH 年龄+2

B．CHANGE ALL 年龄+2 WITH 年龄

C．REPLACE ALL 年龄 WITH 年龄+2

D．REPLACE ALL 年龄+2 WITH 年龄

27．在建立唯一索引出现重复字段值时，只存储重复出现的_____记录。

A．第一个　　　　　B．最后一个　　　　　C．全部　　　　　D．几个

28．Visual FoxPro 表结构中的逻辑型、通用型和日期型字段的宽度分别为_____。

A．1、4、8　　　B．4、4、10　　　C．1、10、8　　　D．2、8、8

29．在 Visual FoxPro 的数据工作期窗口，使用 SET RELATION 命令可以建立两个表之间的关联，这种关联是_____。

A．永久性关联　　　　　　　　　　B．永久性关联或临时性关联

C．临时性关联　　　　　　　　　　D．永久性关联和临时性关联

30．在 Visual FoxPro 中，数据库表字段名最长为_____个字符。

A．10　　　　　B．128　　　　　C．130　　　　　D．156

3.3.2 填空题

1．Visual FoxPro 中不允许在主关键字字段中有重复值或_____。

2．数据库文件是由.DBC、.DCT 和_____三个文件所构成。

3．"参照完整性生成器"对话框的"插入规则"选项卡用于指定在_____中插入新记录或更新已存在的记录时所用的规则。

4．"参照完整性生成器"对话框的"删除规则"选项卡用于指定删除_____中的记录时所用的规则。

5．在 Visual FoxPro 中，自由表字段名最长为_____个字符。

6．关联是指使不同工作区的记录指针建立起一种_____的联动关系，当父表的记录指针移动时，子表的记录指针也随之移动。

7．结构复合索引文件的主名与表的主名相同，它随_____的打开而打开，在删除记录时会自动维护。

8．利用 LOCATE 命令查找到满足条件的第一条记录后，连续执行_____命令即可找到满足条件的其他记录。

9．使用 INDEX 命令不能创建_____索引。

10．自由表的索引类型可以有普通索引、唯一索引和_____索引。

11. 一个数据表有八条记录，当 EOF() 为真时，则当前记录号为_____。

3.4　测试题答案

选择题

1. D　2. D　3. A　4. B　5. D　6. D　7. D　8. C　9. C　10. A
11. B　12. C　13. D　14. C　15. B　16. B　17. C　18. A　19. A　20. A
21. B　22. C　23. C　24. A　25. C　26. C　27. A　28. A　29. C　30. B

填空题

1. 空值　　　　　　　　2. .DCX
3. 子表　　　　　　　　4. 父表
5. 10　　　　　　　　　6. 临时
7. 表或数据表　　　　　8. CONTINUE
9. 主　　　　　　　　　10. 候选
11. 9

第4章 SQL 关系数据库查询语言

4.1 知 识 要 点

（1）数据库表的查询。
（2）数据库表结构定义和修改。
（3）数据库表的数据修改功能。

4.2 典型试题与解析

4.2.1 选择题

以下例 1～例 5 使用如下三个表。

> 部门.DBF：部门号 C(8)，部门名 C(12)，负责人 C(6)，电话 C(16)
> 职工.DBF：部门号 C(8)，职工号 C(10)，姓名 C(8)，性别 C(2)，出生日期 D
> 工资.DBF：职工号 C(10)，基本工资 N(8,2)，津贴 N(8,2)，奖金 N(8,2)，扣除 N(8,2)

【例1】 查询 1962 年 10 月 27 日出生的职工信息的正确命令是_____。（2004 年 4 月）
A．SELECT * FROM 职工 WHERE 出生日期={^1962-10-27}
B．SELECT * FROM 职工 WHERE 出生日期=1962-10-27
C．SELECT * FROM 职工 WHERE 出生日期="1962-10-27"
D．SELECT * FROM 职工 WHERE 出生日期=("1962-10-27")

解析： 在使用 SQL 语言查询数据时，日期格式一律使用严格日期格式。
答案： A

【例2】 查询所有目前年龄在 35 岁以上（不含 35 岁）的职工信息（姓名、性别和年龄），正确的命令是_____。（2004 年 4 月）
A．SELECT 姓名,性别,YEAR(DATE())-YEAR(出生日期) 年龄;
　　FROM 职工 WHERE 年龄>35
B．SELECT 姓名,性别,YEAR(DATE())-YEAR(出生日期) 年龄;
　　FROM 职工 WHERE YEAR(出生日期)>35
C．SELECT 姓名,性别,YEAR(DATE())-YEAR(出生日期) 年龄;
　　FROM 职工 WHERE YEAR(DATE())-YEAR(出生日期)>35
D．SELECT 姓名,性别,年龄=YEAR(DATE())-YEAR(出生日期);
　　FROM 职工 WHERE YEAR(DATE())-YEAR(出生日期)>35

解析： WHERE 语句后不能使用虚拟字段，但可以使用运算表达式。

答案： C

【例3】 查询职工实发工资的正确命令是_____。（2004年4月）

A．SELECT 姓名,(基本工资+津贴+奖金-扣除) AS 实发工资 FROM 工资

B．SELECT 姓名,(基本工资+津贴+奖金-扣除) AS 实发工资 FROM 工资;

    WHERE 职工.职工号=工资.职工号

C．SELECT 姓名,(基本工资+津贴+奖金-扣除) AS 实发工资 FROM 工资,职工;

    WHERE 职工.职工号=工资.职工号

D．SELECT 姓名,(基本工资+津贴+奖金-扣除) AS 实发工资;

    FROM 工资 JOIN 职工 WHERE 职工.职工号=工资.职工号

解析： "实发工资"字段是一个虚拟字段，是由几个字段计算得到的。姓名和工资情况是来自两个不同的表，需要两个表进行联接查询。联接查询有两种方式：一种方式是 C 答案；另一种方式是使用 JOIN…ON…语句，使用 JOIN 短语，不能用 WHERE 短语设置联接条件。

答案： C

【例4】 查询每个部门年龄最长者的信息，要求得到的信息包括部门名和最长者的出生日期，正确的命令是_____。（2004年4月）

A．SELECT 部门名,MIN(出生日期) FROM 部门 JOIN 职工;

    ON 部门.部门号=职工.部门号 GROUP BY 部门名

B．SELECT 部门名,MAX(出生日期) FROM 部门 JOIN 职工;

    ON 部门.部门号=职工.部门号 GROUP BY 部门名

C．SELECT 部门名,MIN(出生日期) FROM 部门 JOIN 职工;

    WHERE 部门.部门号=职工.部门号 GROUP BY 部门名

D．SELECT 部门名,MAX(出生日期) FROM 部门 JOIN 职工;

    WHERE 部门.部门号=职工.部门号 GROUP BY 部门名

解析： 按部门名进行分组，每组找出"出生日期"最小的职工即是年龄最大的职工。

答案： A

【例5】 查询有 10 名以上（含 10 名）职工的部门信息（部门名和职工人数），并按职工人数降序排列，正确的命令是_____。（2004年4月）

A．SELECT 部门名,COUNT(职工号) AS 职工人数 FROM 部门,职工;

    WHERE 部门.部门号=职工.部门号;

    GROUP BY 部门名 HAVING COUNT(*)>=10 ORDER BY COUNT(职工号) ASC

B．SELECT 部门名,COUNT(职工号) AS 职工人数 FROM 部门,职工;

    WHERE 部门.部门号=职工.部门号;

    GROUP BY 部门名 HAVING COUNT(*)>=10 ORDER BY COUNT(职工号) DESC

C．SELECT 部门名,COUNT(职工号) AS 职工人数 FROM 部门,职工;

    WHERE 部门.部门号=职工.部门号;

    GROUP BY 部门名 HAVING COUNT(*)>=10 ORDER BY 职工人数 ASC

D. SELECT 部门名,COUNT(职工号) AS 职工人数 FROM 部门,职工;
    WHERE 部门.部门号=职工.部门号;
    GROUP BY 部门名 HAVING COUNT(*)>=10 ORDER BY 职工人数 DESC

解析：按部门名进行分组，每组记录的个数即是每个部门的人数，查询有 10 名以上
（含 10 名）职工的部门信息即是查询每组的记录个数大于等于 10 的组的信息。

在使用 ORDER BY 短语时，是按某个字段或某个虚拟字段进行排序，不能按某个
表达式的运算结果进行排序。

答案：D

以下例 6～例 12 使用表 T4-1 "歌手" 表和表 T4-2 "评分" 表。（2006 年 9 月）

表 T4-1   "歌手" 表

歌手号	姓名
1001	王蓉
2001	许巍
3001	周杰伦
4001	林俊杰
...	

表 T4-2   "评分" 表

歌手号	分数	评委号
1001	9.8	101
2001	9.6	102
3001	9.7	103
4001	9.8	104
...		

【例 6】 与 "SELECT * FROM 歌手 WHERE NOT(最后得分＞9.00 OR 最后得分
＜8.00)" 等价的语句是_____。（2006 年 9 月）

A. SELECT * FROM 歌手 WHERE 最后得分 BETWEEN 9.00 AND 8.00

B. SELECT * FROM 歌手 WHERE 最后得分＞=8.00 AND 最后得分<=9.00

C. SELECT * FROM 歌手 WHERE 最后得分＞9.00 OR 最后得分＜8.00

D. SELECT * FROM 歌手 WHERE 最后得分<=8.00 AND 最后得分＞=9.00

解析：BETWEEN…AND…表示在 "…和…之间"，写查询范围时，小数写在 AND
前面，大数写在 AND 后面；如果反过来写，则这个条件永远为假。

答案：B

【例 7】 假设每个歌手的 "最后得分" 的计算方法是：去掉一个最高分和一个最低
分，取剩下分数的平均分。根据 "评分" 表求每个歌手的 "最后得分" 并存储于表 TEMP
中。表 TEMP 中有两个字段："歌手号" 和 "最后得分"，并且按最后得分降序排列，
生成表 TEMP 的 SQL 语句是_____。（2006 年 9 月）

A. SELECT 歌手号,(COUNT(分数)-MAX(分数)-MIN(分数))/(SUM(*)-2) 最后得分;
    FROM 评分 INTO DBF TEMP GROUP BY 歌手号 ORDER BY 最后得分 DESC

B. SELECT 歌手号,(COUNT(分数)-MAX(分数)-MIN(分数))/(SUM(*)-2) 最后得分;
    FROM 评分 INTO DBF TEMP GROUP BY 评委号 ORDER BY 最后得分 DESC

C. SELECT 歌手号,(SUM(分数)-MAX(分数)-MIN(分数))/(COUNT(*)-2) 最后得分;
    FROM 评分 INTO DBF TEMP GROUP BY 评委号 ORDER BY 最后得分 DESC

D. SELECT 歌手号,(SUM(分数)-MAX(分数)-MIN(分数))/(COUNT(*)-2) 最后得分;
    FROM 评分 INTO DBF TEMP GROUP BY 歌手号 ORDER BY 最后得分 DESC

解析：COUNT()是统计某字段的记录个数，SUM()是计算某一列值的总和(此列必须

是数值型），MAX()是计算某一列值的最大值，MIN()是计算某一列值的最小值。

按歌手号进行分组，每组中的所有得分即是所有评委给该歌手所打的分。在每组中求（总分-最高分-最低分）/评委的个数，即为最后得分。

答案：D

【例8】 假设 temp. dbf 数据表中有两个字段"歌手号"和"最后得分"下面程序的功能是：将 temp. dbf 中歌手的"最后得分"填入"歌手"表对应歌手的"最后得分"字段中（假设已增加了该字段）在下线处应该填写的 SQL 语句是_____。（2006 年 9 月）

```
USE 歌手
DO WHILE .NOT. EOF()
_____
REPLACE 歌手.最后得分 WITH a(2)
SKIP
ENDDO
```

A. SELECT * FROM temp WHERE temp.歌手号=歌手.歌手号 TO ARRAY a

B. SELECT * FROM temp WHERE temp.歌手号=歌手.歌手号 INTO ARRAY a

C. SELECT * FROM temp WHERE temp.歌手号=歌手.歌手号 TO FILE a

D. SELECT * FROM temp WHERE temp.歌手号=歌手.歌手号 INTO FILE a

解析：在 DO WHILE 循环中每一次从歌手表中取出一条记录与 temp 表中的记录按"歌手号"进行联系，把查询的结果放到数组a中，a(1)里存放是"歌手号"，a(2)里存放是"最后得分"，然后使用 REPLACE 语句用a(2)替换歌手表中的"最后得分"字段。

答案：B

【例9】 与"SELECT DISTINCT 歌手号 FROM 歌手 WHERE 最后得分>ALL；(SELECT 最后得分 FROM 歌手 WHERE SUBSTR(歌手号,1,1)= "2")"等价的 SQL 语句是_____。（2006 年 9 月）

A. SELECT DISTINCT 歌手号 FROM 歌手 WHERE 最后得分>=；
(SELECT MAX(最后得分)FROM 歌手 WHERE SUBSTR (歌手号,1,1)= "2")

B. SELECT DISTINCT 歌手号 FROM 歌手 WHERE 最后得分>=；
(SELECT MIN(最后得分)FROM 歌手 WHERE SUBSTR (歌手号,1,1)= "2")

C. SELECT DISTINCT 歌手号 FROM 歌手 WHERE 最后得分>=ANY；
(SELECT MAX(最后得分)FROM 歌手 WHERE SUBSTR (歌手号,1,1)= "2")

D. SELECT DISTINCT 歌手号 FROM 歌手 WHERE 最后得分>=SOME；
(SELECT MAX (最后得分)FROM 歌手 WHERE SUBSTR (歌手号,1,1)= "2")

解析：题干是检索出大于"歌手号"第一个数字为"2"的所有歌手"最后得分"的"歌手号"，要大于所有第一个数字为"2"的所有歌手的"最后得分"，只要满足大于其中的最高得分就可以了。

答案：A

【例10】 为"歌手"表增加一个字段"最后得分"的 SQL 语句是_____。（2006 年 9 月）

A. ALTER TABLE 歌手 ADD 最后得分 F(6,2)

B. ALTER DBF 歌手 ADD 最后得分 F 6,2

C. CHANGE TABLE 歌手 ADD 最后得分 F(6,2)

D. CHANGE TABLE 学院 INSERT 最后得分 F 6,2

解析：修改表结构使用 ALTER 语句，在设定数据宽度和小数点位数时要用括号括起来。

答案：A

【例 11】 为"评分"表的"分数"字段添加有效性规则："分数必须大于等于 0，并且小于等于 10"，正确的 SQL 语句是_____。（2006 年 9 月）

A. CHANGE TABLE 评分 ALTER 分数 SET CHECK 分数>=0 AND 分数<=10

B. ALTER TABLE 评分 ALTER 分数 SET CHECK 分数>=0 AND 分数<=10

C. ALTER TABLE 评分 ALTER 分数 CHECK 分数>=0 AND 分数<=10

D. CHANGE TABLE 评分 ALTER 分数 SET CHECK 分数>=0 OR 分数<=10

解析：由于"分数"字段在"评分"表中已存在，所以应使用修改有效性规 ALTER TABLE <表名> ALTER <字段名> SET CHECK…语句，而不能使用 ALTER TABLE <表名> ADD <字段名> CHECK…语句。

答案：B

【例 12】 插入一条记录到"评分"表中，歌手号、分数和评委号分别是"1001"、9.9 和"105"，正确的 SQL 语句是_____。（2006 年 9 月）

A. INSERT VALUES ("1001", 9.9, "105") INTO 评分 (歌手号,分数,评委号)

B. INSERT TO 评分 (歌手号,分数,评委号) VALUES ("1001", 9.9, "105")

C. INSERT INTO 评分 (歌手号,分数,评委号) VALUES ("1001",9.9, "105")

D. INSERT VALUES ("100", 9.9, "105") TO 评分 (歌手号,分数,评委号)

解析：插入记录命令 INSERT INTO <表名>[(字段名 1 [,字段名 2,…])] VALUES (数值 1[, 数值 2，…])，如果给表中每个字段都插入一个值，且插入的数据顺序与表中字段的顺序一致，则 VALUES 前的字段列表可省略。

答案：C

以下例 13～例 15 使用如下四个表。

客户（客户号，名称，联系人，邮政编码，电话号码）

产品（产品号，名称，规格说明，单价）

订购单（订单号，客户号，订购日期）

订购单明细（订单号，序号，产品号，数量）

【例 13】 假设客户表中有客户号（关键字）C1～C10 共 10 条客户记录，订购单表有订单号（关键字）OR1～OR8 共八条订购单记录，并且订购单表参照客户表。如下命令可以正确执行的是_____。（2008 年 9 月）

A. INSERT INTO 订购单 VALUES('OR5', 'C5',{^2008/10/10})

B. INSERT INTO 订购单 VALUES('OR5', 'C11',{^2008/10/10})

C. INSERT INTO 订购单 VALUES('OR9', 'C11',{^2008/10/10})

D. INSERT INTO 订购单 VALUES('OR9', 'C5',{^2008/10/10})

解析：因为订购单表的订单号为关键字，所以订购单中的订单号不允许重复。订购单表中已经有订单号为 "OR5" 的记录，而答案：A 或 B 中又插入订单号为 "OR5" 的记录，造成重复所以不选 A 和 B。因为订单表参照客户表，所以要求子表（订单表）中的客户号必须来自于父表（客户表）中的客户号，而答案：C 中的客户号 "C11" 在客户表中不存在，所以不选 C。

答案：D

【例 14】 查询尚未最后确定订购单的有关信息的正确命令是_____。（2008 年 9 月）

A. SELECT 名称,联系人,电话号码,订单号 FROM 客户,订购单;
　WHERE 客户.客户号=订购单.客户号 AND 订购日期 IS NULL

B. SELECT 名称,联系人,电话号码,订单号 FROM 客户,订购单;
　WHERE 客户.客户号=订购单.客户号 AND 订购日期 = NULL

C. SELECT 名称,联系人,电话号码,订单号 FROM 客户,订购单;
　FOR 客户.客户号=订购单.客户号 AND 订购日期 IS NULL

D. SELECT 名称,联系人,电话号码,订单号 FROM 客户,订购单;
　FOR 客户.客户号=订购单.客户号 AND 订购日期 = NULL

解析：空值是一个不确定的值，不能使用 "=" 比较。查询空值要使用 IS NULL。

答案：A

【例 15】 查询订购单的数量和所有订购单平均金额的正确命令是_____。（2008 年 9 月）

A. SELECT COUNT(DISTINCT 订单号),AVG(数量*单价);
　FROM 产品 JOIN 订购单明细 ON 产品.产品号=订购单明细.产品号

B. SELECT COUNT(订单号),AVG(数量*单价);
　FROM 产品 JOIN 订购单明细 ON 产品.产品号=订购单明细.产品号

C. SELECT COUNT(DISTINCT 订单号),AVG(数量*单价);
　FROM 产品,订购单明细 ON 产品.产品号=订购单明细.产品号

D. SELECT COUNT(订单号),AVG(数量*单价);
　FROM 产品,订购单明细 ON 产品.产品号=订购单明细.产品号

解析：四个答案中都将 "产品" 表和 "订购单明细" 表按产品号连接起来，因为 "订购单明细" 表中有重复订单号，所以需要用 "COUNT（DISTINCT 订单号）" 统计非重复的订单号的个数作为订购单的数量。"产品" 表和 "订购单明细" 表的连接结果中有 "数量" 和 "单价" 两列，"数量" 乘以 "单价" 等于金额，计算所有订购单的平均金额，需要使用 AVG(数量*单价)。

答案：A

【例 16】 设有学生选课表 SC(学号，课程号，成绩)，用 SQL 检索同时选修课程号为 "C1" 和 "C5" 的学生的学号的正确命令是_____。（2007 年 4 月）

A. SELECT 学号 FROM SC WHERE 课程号="C1" AND 课程号="C5"

B. SELECT 学号 FROM SC WHERE 课程号="C1" AND 课程号=;
　(SELECT 课程号 FROM SC WHERE 课程号="C5")

C. SELECT 学号 FROM SC WHERE 课程号="C1" AND 学号=;

(SELECT 学号 FROM SC WHERE 课程号="C5")

D. SELECT 学号 FROM SC WHERE 课程号="C1" AND 学号 IN;

(SELECT 学号 FROM SC WHERE 课程号="C5")

解析：在主查询中查找选修了 "C1" 课程的学生的学号，如果这些学号也出现在选修了 "C5" 课程的学号中，那么这些学生既选修了 "C1" 课程，又选修了 "C5" 课程。

答案：D

【例 17】 "教师" 表中的 "职工号"、"姓名"、"工龄" 和 "系号" 等字段，"学院" 表中有 "系名" 和 "系号" 等字段，求教师总数最多的系的教师人数，正确的命令序列是_____。（2009 年 9 月）

A. SELECT 教师.系号, COUNT(*) AS 人数 FROM 教师,学院;

GROUP BY 教师.系号 INTO DBF TEMP

SELECT MAX(人数) FROM TEMP

B. SELECT 教师.系号, COUNT(*) FROM 教师,学院;

WHERE 教师.系号=学院.系号 GROUP BY 教师.系号 INTO DBF TEMP

SELECT MAX(人数) FROM TEMP

C. SELECT 教师.系号, COUNT(*) AS 人数 FROM 教师,学院;

WHERE 教师.系号=学院.系号 GROUP BY 教师.系号 INTO FILE TEMP

SELECT MAX(人数) FROM TEMP

D. SELECT 教师.系号, COUNT(*) AS 人数 FROM 教师,学院;

WHERE 教师.系号=学院.系号 GROUP BY 教师.系号 INTO DBF TEMP

SELECT MAX(人数) FROM TEMP

解析：因为按系统计人数,所以要按系号进行分组。选项 A 缺少将两表联接的 WHERE 条件；选项 B 少了 AS 人数；选项 C 结果存入了文本文件；选项 D 先统计每个系的总人数，并存到临时表 TEMP 中，然后对临时表 TEMP 查询人数最大值。

答案：D

【例 18】 "教师表" 中有 "职工号"、"姓名" 和 "工龄" 字段，其中 "职工号" 为主关键字，建立 "教师表" 的 SQL 命令是_____。（2009 年 9 月）

A. CREATE TABLE 教师(职工号 C(10) PRIMARY,姓名 C(20),工龄 I)

B. CREATE TABLE 教师(职工号 C(10) FOREING,姓名 C(20),工龄 I)

C. CREATE TABLE 教师(职工号 C(10) FOREING KEY,姓名 C(20),工龄 I)

D. CREATE TABLE 教师(职工号 C(10) PRIMARY KEY,姓名 C(20),工龄 I)

解析：主关键字即主索引的设置应该使用 PRIMARY KEY，建立普通索引应该使用 FOREING KEY。

答案：D

4.2.2 填空题

例 1 和例 2 使用如下三个表。

零件.DBF：零件号 C(2)，零件名称 C(10)，单价 N(10)，规格 C(8)

使用零件.DBF：项目号 C(2)，零件号 C(2)，数量 I

项目.DBF：项目号 C(2)，项目名称 C(20)，项目负责人 C(10)，电话 C(20)

【例1】 为"数量"字段增加有效性规则：数量>0，应该使用的 SQL 语句是

_____ TABLE 使用零件 _____ 数量 SET _____ 数量>0 （2004 年 4 月）

解析：修改有效性规则的格式是：ALTER TABLE <表名> ALTER <字段名 1> SET CHECK 域完整性约束条件。

答案：ALTER；ALTER；CHECK

【例2】 查询与项目"s1"（项目号）所使用的任意一个零件相同的项目号、项目名称、零件号和零件名称，使用的 SQL 语句是

SELECT 项目.项目号,项目名称,使用零件.零件号,零件名称;

FROM 项目,使用零件,零件 WHERE 项目.项目号=使用零件.项目号_____;

使用零件.零件号=零件.零件号 AND 使用零件.零件号_____;

(SELECT 零件号 FROM 使用零件 WHERE 使用零件.项目号="s1") （2004 年 4 月）

解析：WHERE 条件语句后如果有多个条件，之间用 AND 或 OR 联接，本题这三个条件必须同时成立，所以用 AND 联接。在嵌套查询时有三种嵌套方式：一是使用关系符（如等号、大于号等）联接嵌套子查询，子查询的结果只能是一个数据，这样才能比较；二是使用 IN 或 NOT IN 联接嵌套子查询，判断某个字段是否在查询结果中出现，子查询的结果可以是多条记录；三是使用 EXISTS 或 NOT EXISTS，判断子查询是否有结果，没有比较的含意。

答案： AND； IN

【例3】 "歌手"表中有"歌手号"、"姓名"和"最后得分"三个字段，"最后得分"越高名次越靠前，查询前 10 名歌手的 SQL 语句是

SELECT * _____ FROM 歌手 ORDER BY 最后得分_____ （2007 年 4 月）

解析：使用 TOP 子句可以显示前几条记录，必须用 ORDER BY 语句排序。

答案：TOP 10；DESC

【例4】 在 SQL 的 SELECT 查询中,HAVING 语句不可以单独使用,总是跟在_____子句之后一起使用。（2007 年 9 月）

解析：HAVING 语句必须与 GROUP BY 同时使用，表示对分组之后满足条件的记录进行筛选。

答案：GROUP BY

【例5】 在 SQL 的 SELECT 查询时，使用_____子句实现消除查询结果中的重复记录。（2007 年 9 月）

解析：在查询时，使用 DISTINCT 子句实现消除查询结果中的重复记录。

答案：DISTINCT

【例6】 在 SQL 的 WHERE 子句的条件表达式中，字符串匹配（模糊查询）的运算符是_____。（2008 年 4 月）

解析：在 SQL 中，LIKE 是字符串匹配运算符，它和"%"、"_"结合使用，可以实现模糊查询。

答案：LIKE

【例 7】　SELECT * FROM student_____FILE student 命令将查询结果存储在 student.txt 文本文件中。（2008 年 9 月）

解析：在 SELECT 查询中可以设置查询去向，其中 TO FILE <文件名>表示将查询结果存储在文本文件中；INTO TABEL|DBF <文件名>表示将查询结果储储在永久表中；INTO CURSOR <文件名>表示将查询结果存储临时表中。

答案：TO

【例 8】　在 SQL 语言中，用于对查询结果计数的函数是_____。（2010 年 3 月）

解析：略。

答案：COUNT()

【例 9】　将"学生"表中学号左 4 位为"2010"的记录存储到新表 new 中的命令是

```
SELECT * FROM 学生 WHERE_____="2010"_____DBF new　　（2010 年 9 月）
```

解析：略。

答案：LEFT(学号,4) 或 SUBSTR(学号,1,4)；INTO

【例 10】　将"学生"表中的学号字段的宽度由原来的 10 改为 12（字符型），应使用的命令是

```
ALTER TABLE 学生_____　　（2010 年 9 月）
```

解析：修改表的字段类型和宽度的命令格式：

```
ALTER TABLE <表名> ;
ALTER <字段名> <类型> [(<宽度> [,<小数位数>])]
```

答案：ALTER 学号 C(12)

4.2.3　改错题

【例 1】　下面程序的功能是：根据教学数据库中的学生表和选课表，查询平均成绩大于等于 60 分的每个男同学的学号、姓名、平均成绩和选课门数，查询结果按平均成绩降序排序并输出到表 chengji 中。在程序的第三行、第四行、第五行各有一处错误，将其改正过来。注意：不要改变语句的结构和短语的顺序，也不允许增加或合并行。

```
OPEN DATABASE 教学
SELECT 学生.学号,姓名,AVG(成绩) as 平均成绩,COUNT(成绩) as 选课门数;
FROM 学生 JOIN 选课 OF 学生.学号 = 选课.学号;
WHERE 性别 = "男" AND AVG(成绩) >= 60;
GROUP BY 学生.学号;
ORDER BY 3 desc ;
INTO TABLE chengji
```

解析：超联接查询用 ON 指明联接条件，而不是 OF；查询条件"平均成绩大于等于 60 分以上"是对分组条件的限定，而不是对所有记录的限定，故应该将条件放在分组语句的 HAVING 子句中。

答案：

第三行改为

```
FROM 学生 JOIN 选课 ON 学生.学号 = 选课.学号;
```

第四行改为

```
WHERE 性别 = "男";
```

第五行改为

```
GROUP BY 学生.学号 HAVING AVG(成绩)>= 60;
```

【例 2】 下面程序的功能是：查询选课表中所有成绩大于等于平均分的学生的学号和姓名。程序的第二行、第四行有错误，请改正过来。注意：不要改变语句的结构和短语的顺序，也不允许增加或合并行。

```
SELECT AVG(成绩) FROM 选课;
INTO TABLE aa
SELECT 学号,姓名 FROM 学生;
WHERE 学号 IN ;
( SELECT 学号 FROM 选课 WHERE 成绩 < aa(1) and 学号 = 学生.学号 )
```

答案：

第二行改为

```
INTO ARRAY aa
```

第四行改为

```
WHERE 学号 NOT IN ;
```

4.3 测 试 题

4.3.1 选择题

学院数据库中有两个表：一个是"教师"表，如表 T4-3 所示；另一个是"学院"表，如表 T4-4 所示。1～9 题使用这两个数据库表。

表 T4-3 "教师"表

职工号	系号	姓名	工资	主讲课程
11020001	01	肖海	3408	数据结构
11020002	02	王岩盐	4390	数据结构
11020003	01	刘星魂	2450	C 语言
11020004	03	张月新	3200	操作系统
11020005	01	李明玉	4520	数据结构
11020006	02	孙民山	2976	操作系统
11020007	03	钱无名	2987	数据库
11020008	04	呼延军	3220	编译原理
11020009	03	王小龙	3980	数据结构
11020010	01	张国梁	2400	C 语言
11020011	04	林新月	1800	操作系统
11020012	01	乔小延	5400	网络技术
11020013	02	周兴池	3670	数据库
11020014	04	欧阳秀	3345	编译原理

表 T4-4 "学院"表

系号	系名
01	计算机
02	通信
03	信息管理
04	教学

1. 有 SQL 语句："SELECT * FROM 教师 WHERE NOT(工资>3000 OR 工资<2000)"，与如上语句等价的 SQL 语句是_____。（2004 年 9 月）

A. SELECT * FROM 教师 WHERE 工资 BETWEEN 2000 AND 3000

B. SELECT * FROM 教师 WHERE 工资 >2000 AND 工资<3000

C. SELECT * FROM 教师 WHERE 工资>2000 OR 工资<3000

D. SELECT * FROM 教师 WHERE 工资<=2000 AND 工资>=3000

2. 有 SQL 语句："SELECT 主讲课程,COUNT(*) FROM 教师 GROUP BY 主讲课程"，该语句执行结果含有记录个数是_____。（2004 年 9 月）

A. 3   B. 4   C. 5   D. 6

3. 有 SQL 语句：

```
SELECT COUNT(*) AS 人数,主讲课程 FROM 教师;
GROUP BY 主讲课程 ORDER BY 人数 DESC
```

该语句执行结果的第一条记录的内容是_____。（2004 年 9 月）

A. 4 数据结构   B. 3 操作系统   C. 2 数据库   D. 1 网络技术

4. 有 SQL 语句：

```
SELECT 学院.系名,COUNT(*) AS 教师人数 FROM 教师,学院;
WHERE 教师.系号＝学院.系号 GROUP BY 学院.系名
```

与如上语句等价的 SQL 语句是_____。（2004 年 9 月）

A. SELECT 学院.系名,COUNT(*) AS 教师人数 FROM;
     教师 INNER JOIN 学院 教师.系号= 学院.系号 GROUP BY 学院.系名

B. SELECT 学院.系名,COUNT(*) AS 教师人数 FROM;
     教师 INNER JOIN 学院 ON 系号 GROUP BY 学院.系名

C. SELECT 学院.系名,COUNT(*) AS 教师人数 FROM;
     教师 INNER JOIN 学院 ON 教师.系号=学院.系号 GROUP BY 学院.系名

D. SELECT 学院.系名,COUNT(*) AS 教师人数 FROM;
     教师 INNER JOIN 学院 ON 教师.系号 = 学院.系号

5. 有 SQL 语句：

```
SELECT DISTINCT 系号 FROM 教师 WHERE 工资>=;
ALL (SELECT 工资 FROM 教师 WHERE 系号＝"02")
```

该语句的执行结果是系号_____。（2004 年 9 月）

A. "01"和"02"   B. "01"和"03"   C. "01"和"04"   D. "02"和"03"

6. 有 SQL 语句：

```
SELECT DISTINCT 系号 FROM 教师 WHERE 工资>=ALL;
    (SELECT 工资 FROM 教师 WHERE 系号="02")
```

与如上语句等价的 SQL 语句是_____。（2004 年 9 月）

A. SELECT DISTINCT 系号 FROM 教师 WHERE 工资>=;
(SELECT MAX(工资)FROM 教师 WHERE 系号="02")

B. SELECT DISTINCT 系号 FROM 教师 WHERE 工资>=;
(SELECT MIN(工资)FROM 教师 WHERE 系号="02")

C. SELECT DISTINCT 系号 FROM 教师 WHERE 工资>=ANY;
(SELECT(工资)FROM 教师 WHERE 系号="02")

D. SELECT DISTINCT 系号 FROM 教师 WHERE 工资>=SOME;
(SELECT(工资)FROM 教师 WHERE 系号="02")

7. 为"学院"表增加一个字段"教师人数"的 SQL 语句是_____。（2004 年 9 月）

A. CHANGE TABLE 学院 ADD 教师人数 I

B. ALTER STRU 学院 ADD 教师人数 I

C. ALTER TABLE 学院 ADD 教师人数 I

D. CHANGE TABLE 学院 INSERT 教师人数 I

8. 将"欧阳秀"的工资增加 200 元的 SQL 语句是_____。（2004 年 9 月）

A. REPLACE 教师 WITH 工资＝工资+200 WHERE 姓名="欧阳秀"

B. UPDATE 教师 SET 工资＝工资+200 WHEN 姓名="欧阳秀"

C. UPDATE 教师 工资 WITH 工资+200 WHERE 姓名＝"欧阳秀"

D. UPDATE 教师 SET 工资＝工资+200 WHERE 姓名＝"欧阳秀"

9. 为"教师"表的职工号字段添加有效性规则：职工号的最左边三位字符是 110，正确的 SQL 语句是_____。（2004 年 9 月）

A. CHANGE TABLE 教师 ALTER 职工号 SET CHECK LEFT(职工号,3)="110"

B. ALTERT ABLE 教师 ALTER 职工号 SET CHECK LEFT(职工号,3)="110"

C. ALTER TABLE 教师 ALTER 职工号 CHECK LEFT(职工号,3)="110"

D. CHANGE TABLE 教师 ALTER 职工号 SET CHECK OCCURS(职工号,3)="110"

10、11 题使用如下三个数据库表。

学生表：S(学号，姓名，性别，出生日期，院系)
课程表：C(课程号，课程名，学时)
选课成绩表：SC(学号，课程号，成绩)

在上述表中，出生日期数据类型为日期型，学时和成绩为数值型，其他均为字符型。

10. 用 SQL 命令查询选修的每门课程的成绩都高于或等于 85 分的学生的学号和姓名，正确的命令是_____。（2005 年 4 月）

A. SELECT 学号,姓名 FROM S WHERE NOT EXISTS;
(SELECT * FROM SC WHERE SC.学号= S.学号 AND 成绩＜85)

B. SELECT 学号,姓名 FROM S WHERE NOT EXISTS;

(SELECT * FROM SC WHERE SC. 学号= S.学号　AND >= 85)

C．SELECT 学号,姓名 FROM S,SC WHERE S.学号= SC. 学号　AND 成绩 >= 85

D．SELECT 学号,姓名 FROM S,SC WHERE S.学号 = SC. 学号 AND ALL 成绩 >= 85

11．用 SQL 语言检索选修课程在五门以上（含五门）的学生的学号、姓名和平均成绩，并按平均成绩降序排列，正确的命令是_____。（2005 年 4 月）

  A．SELECT S.学号,姓名,平均成绩 FROM S,SC WHERE S.学号= SC. 学号;
    GROUP BY S.学号 HAVING COUNT(*)>=5 ORDER BY 平均成绩 DESC

  B．SELECT 学号,姓名,AVG(成绩) FROM S,SC WHERE S.学号= SC. 学号;
    AND COUNT(*)>=5 GROUP BY 学号 ORDER BY 3 DESC

  C．SELECT S.学号,姓名,AVG(成绩) 平均成绩 FROM S,SC WHERE S.学号= SC. 学号;
    AND COUNT(*)>=5 GROUP BY S.学号 ORDER BY 平均成绩 DESC

  D．SELECT S.学号,姓名,AVG(成绩) 平均成绩 FROM S,SC WHERE S.学号= SC. 学号;
    GROUP BY S.学号 HAVING COUNT(*)>=5 ORDER BY 3 DESC

12~16 题使用如下三个表。

    职员.DBF：职员号 C(3)，姓名 C(6)，性别 C(2)，组号 N(1)，职务 C(10)
    客户.DBF：客户号 C(4)，客户名 C(36)，地址 C(36)，所在城市 C(36)
    订单.DBF：订单号 C(4)，客户号 C(4)，职员号 C(3)，签订日期 D，金额 N(6,2)

12．查询金额最大的 10%订单的信息。正确的 SQL 语句是_____。（2005 年 9 月）

  A．SELECT * TOP 10 PERCENT FROM 订单

  B．SELECT TOP 10% * FROM 订单 ORDER BY 金额

  C．SELECT * TOP 10 PERCENT FROM 订单 ORDER BY 金额

  D．SELECT TOP 10 PERCENT * FROM 订单 ORDER BY 金额 DESC

13．显示没有签订任何订单的职员信息（职员号和姓名），正确的 SQL 语句是_____。（2005 年 9 月）

  A．SELECT 职员.职员号,姓名 FROM 职员 JOIN 订单;
    ON 订单.职员号=职员.职员号 GROUP BY 职员.职员号 HAVING COUNT(*)=0

  B．SELECT 职员.职员号,姓名 FROM 职员 LEFT JOIN 订单;
    ON 订单.职员号=职员.职员号 GROUP BY 职员.职员号 HAVING COUNT(*)=0

  C．SELECT 职员号,姓名 FROM 职员 WHERE 职员号 NOT IN;
    (SELECT 职员号 FROM 订单)

  D．SELECT 职员.职员号,姓名 FROM 职员 WHERE 职员.职员号<>;
    (SELECT 订单.职员号 FROM 订单)

14．有以下 SQL 语句：

    SELECT 订单号,签订日期,金额 FROM 订单,职员;
    WHERE 订单.职员号=职员.职员号 AND 姓名="李二"

与如上语句功能相同的 SQL 语句是_____。（2005 年 9 月）

  A．SELECT 订单号,签订日期,金额 FROM 订单 WHERE EXISTS;
    (SELECT * FROM 职员 WHERE 姓名="李二")

B. SELECT 订单号,签订日期,金额 FROM 订单 WHERE EXISTS;

(SELECT * FROM 职员 WHERE 职员号=订单.职员号 AND 姓名="李二")

C. SELECT 订单号,签订日期,金额 FROM 订单 WHERE IN;

(SELECT 职员号 FROM 职员 WHERE 姓名="李二")

D. SELECT 订单号,签订日期,金额 FROM 订单 WHERE IN;

(SELECT 职员号 FROM 职员 WHERE 职员号=订单.职员号 AND 姓名="李二")

15．从订单表中删除客户号为"1001"的订单记录，正确的 SQL 语句是_____。
（2005 年 9 月）

A. DROP FROM 订单 WHERE 客户号="1001"

B. DROP FROM 订单 FOR 客户号="1001"

C. DELETE FROM 订单 WHERE 客户号="1001"

D. DELETE FROM 订单 FOR 客户号="1001"

16．将订单号为"0060"的订单金额改为 169 元,正确的 SQL 语句是_____。（2005 年
9 月）

A. UPDATE 订单 SET 金额=169 WHERE 订单号="0060"

B. UPDATE 订单 SET 金额 WITH 169 WHERE 订单号="0060"

C. UPDATE FROM 订单 SET 金额=169 WHERE 订单号="0060"

D. UPDATE FROM 订单 SET 金额 WITH 169 WHERE 订单号="0060"

17．"图书"表中有字符型字段"图书号"。要求用 SQL DELETE 命令将图书号以字
母 A 开头的图书记录全部打上删除标记，正确的命令是_____。（2006 年 4 月）

A. DELETE FROM 图书 FOR 图书号 LIKE "A%"

B. DELETE FROM 图书 WHILE 图书号 LIKE "A%"

C. DELETE FROM 图书 WHERE 图书号= "A*"

D. DELETE FROM 图书 WHERE 图书号 LIKE "A%"

18．要使"产品"表中所有产品的单价上浮 8%,正确的 SQL 命令是_____。（2006 年
4 月）

A. UPDATE 产品 SET 单价=单价+单价*8% FOR ALL

B. UPDATE 产品 SET 单价=单价*1.08 FOR ALL

C. UPDATE 产品 SET 单价=单价+单价*8%

D. UPDATE 产品 SET 单价=单价*1.08

19．假设同一名称的产品有不同的型号和产地，则计算每种产品平均单价的 SQL 语
句是_____。（2006 年 4 月）

A. SELECT 产品名称,AVG(单价) FROM 产品 GROUP BY 单价

B. SELECT 产品名称,AVG(单价) FROM 产品 ORDER BY 单价

C. SELECT 产品名称,AVG(单价) FROM 产品 ORDER BY 产品名称

D. SELECT 产品名称,AVG(单价) FROM 产品 GROUP BY 产品名称

20．在 Visual FoxPro 中，如果要将学生表 S(学号，姓名，性别，年龄)中"年龄"
属性删除，正确的 SQL 命令是_____。（2007 年 4 月）

A. ALTER TABLE S DROP COLUMN 年龄

　　B．DELETE 年龄 FROM　S

　　C．ALTER TABLE S DELETE COLUMN 年龄

　　D．ALTER TABLE S DELETE 年龄

21．设有学生表 S(学号，姓名，性别，年龄)，查询所有年龄小于等于 18 岁的女同学，并按年龄降序生成新表 WS，正确的 SQL 命令是＿＿＿＿。（2007 年 4 月）

　　A．SELECT * FROM S WHERE 性别＝"女" AND 年龄<=18;

　　　　ORDER BY 4 DESC INTO TABLE WS

　　B．SELECT * FROM S WHERE 性别＝"女" AND 年龄<=18;

　　　　ORDER BY 年龄　INTO TABLE WS

　　C．SELECT * FROM S WHERE 性别＝"女" AND 年龄<=18;

　　　　ORDER BY "年龄" DESC INTO TABLE WS

　　D．SELECT * FROM S WHERE 性别＝"女" OR 年龄<=18;

　　　　ORDER BY "年龄" ASC INTO TABLE WS

22．设学生表 S(学号,姓名,性别,年龄)、课程表 C(课程号,课程名,学分)和学生选课表 SC(学号,课程号,成绩)，检索学号、姓名和学生所选课程名和成绩，正确的 SQL 命令是＿＿＿＿。（2007 年 4 月）

　　A．SELECT 学号,姓名,课程名,成绩 FROM S,SC,C;

　　　　WHERE S.学号 ＝SC. 学号 AND SC. 学号=C. 学号

　　B．SELECT 学号,姓名,课程名,成绩 FROM;

　　　　(S JOIN SC ON S.学号=SC. 学号）JOIN C ON SC. 课程号 ＝C. 课程号

　　C．SELECT S.学号,姓名,课程名,成绩 FROM;

　　　　S JOIN SC JOIN C ON S.学号=SC. 学号 ON SC. 课程号 ＝C. 课程号

　　D．SELECT S.学号,姓名,课程名,成绩 FROM;

　　　　S JOIN SC JOIN C ON SC. 课程号=C. 课程号 ON S.学号 ＝SC. 学号

23～25 题使用如下两个表。

　　　　学生.DBF：学号（C,8），姓名（C,6），性别（C,2），出生日期（D）
　　　　选课.DBF：学号（C,8），课程号（C,3），成绩（N,5,1）

23．计算刘明同学选修所有课程的平均成绩，正确的 SQL 语句是＿＿＿＿。（2007 年 9 月）

　　A．SELECT　AVG(成绩) FROM 选课 WHERE 姓名="刘明"

　　B．SELECT　AVG(成绩) FROM 学生,选课 WHERE 姓名="刘明"

　　C．SELECT　AVG(成绩) FROM 学生,选课 WHERE 学生.姓名="刘明"

　　D．SELECT　AVG(成绩) FROM 学生,选课;

　　　　WHERE 学生.学号=选课.学号 AND 姓名="刘明"

24．假定学号的第三、四位为专业代码，要计算各专业学生选修课程号为"101"课程的平均成绩，正确的 SQL 语句是＿＿＿＿。（2007 年 9 月）

　　A．SELECT 专业 AS SUBS(学号,3,2),平均分 AS AVG(成绩) FROM 选课;

　　　　WHERE 课程号="101" GROUP BY 专业

B．SELECT SUBS(学号,3,2) AS 专业, AVG(成绩) AS 平均分 FROM 选课;
WHERE 课程号="101" GROUP BY 1

C．SELECT SUBS(学号,3,2) AS 专业, AVG(成绩) AS 平均分 FROM 选课;
WHERE 课程号="101" ORDER BY 专业

D．SELECT 专业 AS SUBS(学号,3,2),平均分 AS AVG(成绩) FROM 选课;
WHERE 课程号="101" ORDER BY 1

25．查询选修课程号为"101"课程得分最高的同学，正确的 SQL 语句是_____。
（2007 年 9 月）

A．SELECT 学生.学号,姓名 FROM 学生,选课 WHERE 学生.学号=选课.学号 AND;
课程号="101" AND 成绩>=ALL（SELECT 成绩 FROM 选课）

B．SELECT 学生.学号,姓名 FROM 学生,选课 WHERE 学生.学号=选课.学号 AND;
成绩>=ALL（SELECT 成绩 FROM 选课 WHERE 课程号="101"）

C．SELECT 学生.学号,姓名 FROM 学生,选课 WHERE 学生.学号=选课.学号 AND;
成绩>=ANY（SELECT 成绩 FROM 选课 WHERE 课程号="101"）

D．SELECT 学生.学号,姓名 FROM 学生,选课 WHERE 学生.学号=选课.学号 AND;
课程号="101"AND 成绩>=ALL;
（SELECT 成绩 FROM 选课 WHERE 课程号="101"）

26．查询选修 C2 课程号的学生姓名，下列 SQL 语句中错误的是_____。（2009 年
3 月）

A．SELECT 姓名 FROM S WHERE EXISTS;
(SELECT * FROM SC WHERE 学号=S.学号 AND 课程号= 'C2')

B．SELECT 姓名 FROM S WHERE 学号 IN;
(SELECT 学号 FROM SC WHERE 课程号= 'C2')

C．SELECT 姓名 FROM S JOIN SC ON S.学号=SC. 学号 WHERE 课程号= 'C2'

D．SELECT 姓名 FROM S WHERE 学号= (SELECT * FROM SC WHERE 课程号= 'C2')

27．在 Visual FoxPro 中，以下关于删除记录的描述中，正确的是_____。（2005 年
4 月）

A．SQL 的 DELETE 命令在删除数据库表中的记录之前，不需要用 USE 命令打开表

B．SQL 的 DELETE 命令和传统 Visual FoxPro 的 DELETE 命令在删除数据库表中
的记录之前，都需要用 USE 命令打开表

C．SQL 的 DELETE 命令可以物理的删除数据库表中的记录，而传统 Visual FoxPro
的 DELETE 命令只能逻辑删除数据库表中的记录

D．传统 Visual FoxPro 的 DELETE 命令在删除数据库表中的记录之前不需要用 USE
命令打开表

28．在 Visual FoxPro 中，删除数据库表 S 的 SQL 命令是_____。（2005 年 4 月）

A．DROP TABLE S   B．DELETE TABLE S

C．DELETE TABLE S.DBF   D．ERASE TABLE S

29．使用 SQL 语句向学生表 S(SNO,SN,AGE,SEX)中添加一条新记录，字段学号
(SNO)、姓名(SN)、性别(SEX)、年龄(AGE)的值分别为 0401、王芳、女、18，正确命令

是_____。（2005 年 4 月）

A．APPEND INTO S (SNO,SN,SEX,AGE)VALUES("0401","王芳","女",18)

B．APPEND S VALUES("0401","王芳",18,"女")

C．INSERT INTO S(SNO,SN,SEX,AGE)VALUES("0401","王芳","女",18)

D．INSERT S VALUES("0401","王芳",18,"女")

30．在 Visual FoxPro 中，以下有关 SQL 的 SELECT 语句的叙述中，错误的是_____。
（2005 年 4 月）

A．SELECT 子句中可以包含表中的列和表达式

B．SELECT 子句中可以使用别名

C．SELECT 子句规定了结果集中的列顺序

D．SELECT 子句中列的顺序应该与表中列的顺序一致

31．下列关于 SQL 中 HAVING 子句的描述错误的是_____。（2005 年 4 月）

A．HAVING 子句必须与 GROUP BY 子句同时使用

B．HAVING 子句与 GROUP BY 子句无关

C．使用 WHERE 子句的同时可以使用 HAVING 子句

D．使用 HAVING 子句的作用是限定分组的条件

32．在 SQL SELECT 语句中与 INTO TABLE 等价的短语是_____。（2008 年 9 月）

A．INTO DBF　　　B．TO TABLE　　　C．TO FOEM　　　D．INTO FILE

33．若 SQL 语句中的 ORDER BY 短语中指定了多个字段，则_____。（2009 年 9 月）

A．依次按自右至左的字段顺序排序　　　B．只按第一个字段排序

C．依次按自左至右的字段顺序排序　　　D．无法排序

4.3.2　填空题

1~3 题使用如下三个数据库表。

金牌榜.DBF　　　　国家代码 C(3)　　金牌数 I　　银牌数 I　　铜牌数 I
获奖牌情况.DBF　　国家代码 C(3)　　运动员名称 C(20)　　项目名称 C(30)　　名次 I
国家.DBF　　　　　国家代码 C(3)　　国家名称 C(20)

"金牌榜"表中一个国家一条记录："获奖牌情况"表中每个项目中的各个名次都有
一条记录，名次只取前三名，例如，

国家代码	运动员名称	项目名称	名次
001	刘翔	男子 110 米栏	1
001	李小鹏	男子双杠	3
002	菲尔普斯	游泳男子 200 米自由泳	3
002	菲尔普斯	游泳男子 400 米个人混合泳	1
001	郭晶晶	女子三米板跳板	1
001	李婷/孙甜甜	网球女子双打	1

1．为"金牌榜"表增加一个字段"奖牌总数"，同时为该字段设置有效性规则：奖
牌总数>=0，应使用 SQL 语句（2005 年 4 月）

ALTER TABLE 金牌榜_____ 奖牌总数 I_____奖牌总数>=0

2．使用"获奖牌情况"和"国家"两个表查询"中国"所获金牌（名次为 1）的数量，应使用 SQL 语句（2005 年 4 月）

SELECT COUNT(*) FROM 国家 INNER JOIN 获奖牌情况;

_____ 国家.国家代码 = 获奖牌情况.国家代码;

WHERE 国家.国家名称 ="中国" AND 名次 = 1

3．将金牌榜.DBF 中新增加的字段奖牌总数设置为金牌数、银牌数、铜牌数三项的和，应使用 SQL 语句（2005 年 4 月）

_____金牌榜_____奖牌总数 = 金牌数+银牌数+铜牌数

4．在 Visual FoxPro 中，使用 SQL 的 SELECT 语句将查询结果存储在一个临时表中，应该使用_____子句。（2005 年 9 月）

5．在 Visual FoxPro 中，使用 SQL 的 CREATE TABLE 语句建立数据库表时，使用_____子句说明主索引。（2005 年 9 月）

6．在 SQL 的 SELECT 语句进行分组计算查询时，可以使用_____子句来去掉不满足条件的分组。（2005 年 9 月）

7．设有 S（学号，姓名，性别）和 SC（学号，课程号，成绩）两个表，下面 SQL 的 SELECT 语句检索选修的每门课程的成绩都高于或等于 85 分的学生的学号、姓名和性别。（2005 年 9 月）

SELECT 学号, 姓名, 性别 FROM S;

WHERE _____ (SELECT * FROM SC WHERE SC.学号 = S.学号 AND 成绩 < 85)

8．SQL 支持集合的并运算，运算符是_____。（2006 年 4 月）

9．如下命令将"产品"表的"名称"字段名修改为"产品名称"。（2006 年 9 月）

ALTER TABLE 产品 RENAME_____ 名称 TO 产品名称

10．已有"歌手"表，将该表中的"歌手号"字段定义为候选索引、索引名是 temp，正确的 SQL 语句是。（2007 年 4 月）

_____ TABLE 歌手 ADD UNIQUE 歌手号 TAG temp

11．如下命令查询雇员表中"部门号"字段为空值的记录。（2007 年 9 月）

SELECT * FROM 雇员 WHERE 部门号_____

12．设有 SC（学号，课程号，成绩）表，下面 SQL 的 SELECT 语句检索成绩高于或等于平均成绩的学生的学号。（2009 年 3 月）

SELECT 学号 FROM sc WHERE 成绩>=(SELECT_____ FROM sc)

13．为成绩表中的总分字段增加有效性规则："总分必须大于等于 0 并且小于等于 750"的 SQL 命令是（2009 年 9 月）

_____ TABLE 成绩 ALTER 总分_____总分>=0 AND 总分<=750

4.4 测试题答案

选择题

1. A   2. D   3. A   4. C   5. A   6. A   7. C   8. D   9. B   10. A
11. D   12. D   13. C   14. B   15. C   16. A   17. D   18. D   19. D   20. A
21. A   22. D   23. D   24. B   25. D   26. D   27A   28. A   29. C   30. D
31. B   32. A   33. C

填空题

1. ADD   CHECK   2. ON
3. UPDATE   SET   4. INTO CURSOR
5. PRIMARY KEY   6. HAVING
7. NOT EXISTS   8. UNION
9. COLUMN   10. ALTER
11. IS NULL   12. AVG(成绩)
13. ALTER   SET CHECK

第 5 章　查询与视图

5.1　知　识　要　点

（1）查询与视图的基本概念。

（2）查询文件的建立、执行和修改的方法。

（3）视图文件的建立、执行和修改的方法。

（4）查询与视图的区别。

5.2　典型试题与解析

5.2.1　选择题

【例 1】　以下关于查询描述正确的是_____。（2010 年 3 月）

A．不能根据自由表建立查询　　　　　B．只能根据自由表建立查询

C．只能根据数据库表建立查询　　　　D．可以根据数据库表和自由表建立查询

解析：查询的数据源可以是一张或多张相关联的自由表、数据库表或视图。

答案：D

【例 2】　以下关于"查询"的描述正确的是_____。（2006 年 4 月）

A．查询保存在项目文件中　　　　　B．查询保存在数据库文件中

C．查询保存在表文件中　　　　　　D．查询保存在查询文件中

解析：查询保存在查询文件中。

答案：D

【例 3】　在 Visual FoxPro 中，有关查询设计器正确的描述是_____。（2004 年 9 月）

A．"联接"选项卡与 SQL 语句的 GROUP BY 短语对应

B．"筛选"选项卡与 SQL 语句的 HAVING 短语对应

C．"排序依据"选项卡与 SQL 语句的 ORDER BY 短语对应

D．"分组依据"选项卡与 SQL 语句的 JOIN ON 短语对应

解析："联接"选项卡用于指定各数据表或视图之间的联接关系，对应于 JOIN ON 短语；"筛选"选项卡用于指定查询条件，对应于 WHERE 短语；"排序依据"选项卡用于指定查询结果中记录的排列顺序，对应于 ORDER BY 短语；"分组依据"选项卡对应于 GROUP BY 短语和 HAVING 短语。

答案：C

【例 4】　在 Visual FoxPro 中，要运行查询文件 query1.qpr，可以使用命令_____。

（2005 年 9 月）

  A．DO query1   B．DO query1.qpr

  C．DO QUERY query1   D．RUN query1

解析：可以使用命令方式执行查询，命令格式是 DO <查询文件名.QPR>，必须给出查询文件的扩展名.QPR。

答案：B

【例 5】 在 Visual FoxPro 中，以下关于视图描述中错误的是_____。（2005 年 4 月）

  A．通过视图可以对表进行查询   B．通过视图可以对表进行更新

  C．视图是一个虚拟表   D．视图就是一种查询

解析：视图可看作是由基本表派生出来的虚拟表，利用视图可对表进行查询并进行更新。视图和查询都是 Visual FoxPro 提供的检索数据的工具，二者有相似之处，但不完全相同。

答案：D

【例 6】 以下关于视图的描述正确的是_____。（2005 年 9 月）

  A．视图保存在项目文件中   B．视图保存在数据库文件中

  C．视图保存在表文件中   D．视图保存在视图文件中

解析：视图保存在数据库文件中。

答案：B

【例 7】 以下关于视图描述错误的是_____。（2010 年 9 月）

  A．只有在数据库中可以建立视图   B．视图定义保存在视图文件中

  C．从用户查询的角度视图和表一样   D．视图物理上不包括数据

解析：视图物理上不包括数据，视图保存在数据库文件中，但是当视图所在的数据库关闭时，视图的定义就消失了。

答案：B

【例 8】 在 Visual FoxPro 中，关于查询和视图的正确描述是_____。（2005 年 4 月）

  A．查询是一个预先定义好的 SQL SELECT 语句文件

  B．视图是一个预先定义好的 SQL SELECT 语句文件

  C．查询和视图都是同一种文件，只是名称不同

  D．查询和视图都是一个存储数据的表

解析：查询可看作是一个预先定义好的 SQL SELECT 语句文件，其本身并不存储数据；视图可看作是由基本表派生出来的"虚拟表"，本身并不存储数据。

答案：A

【例 9】 在 Visual FoxPro 中，以下叙述正确的是_____。（2006 年 4 月）

  A．利用视图可以修改数据   B．利用查询可以修改数据

  C．查询和视图具有相同的作用   D．视图可以定义输出去向

解析：查询和视图既有相似之处，又各有特点：利用查询可检索数据，且可定义输出去向；利用视图可检索数据，还可以修改数据。

答案：A

【例 10】 根据"歌手"表建立视图 myview，视图中含有包括了"歌手号"左边第

一位是"1"的所有记录，正确的 SQL 语句是_____。（2006 年 9 月）

  A．CREATE VIEW myview AS SELECT * FROM 歌手 WHERE LEFT(歌手号,1)= "1"

  B．CREATE VIEW myview AS SELECT * FROM 歌手 WHERE LIKE("1"歌手号)

  C．CREATE VIEW myview SELECT * FROM 歌手 WHERE LEFT(歌手号,1)= "1"

  D．CREATE VIEW myview SELECT * FROM 歌手 WHERE LIKE("1"歌手号)

解析： 定义视图的命令格式是 CREATE VIEW <视图名> AS <SELECT 语句>。

取左子串函数 LEFT(<字符表达式>, <数值表达式 N>)，功能是返回从字符串左端开始，连续取 N 位字符所组成的字符串。

字符串匹配函数 LIKE(<C1>,<C2>)，功能是比较 C1 与 C2 是否匹配，若匹配返回.T.，否则返回.F.，C1 中可以使用通配符*或?，而 C2 中不能使用通配符。

答案： A

【例 11】 删除视图 myview 的命令是_____。（2010 年 9 月）

  A．DELETE myview　　　　　　　B．DELETE VIEW myview

  C．DROP VIEW myview　　　　　　D．REMOVE VIEW myview

解析： 删除视图的 SQL 命令是 DROP VIEW <视图名>。

答案： C

5.2.2　填空题

【例 1】 Visual FoxPro 的查询设计器中，_____选项卡对应的 SQL 短语是 WHERE。（2004 年 9 月）

解析： 查询设计器中"筛选"选项卡用来指定查询条件，对应于 SQL 语句的 WHERE 短语。

答案： 筛选

【例 2】 查询设计器的"排序依据"选项卡对应于 SQL SELECT 语句的_____短语。（2006 年 4 月）

解析： 查询设计器中的"排序依据"选项卡用于指定查询结果中记录的排列顺序，对应于 SQL 语句的 ORDER BY 短语。

答案： ORDER BY

【例 3】 在 Visual FoxPro 中视图可以分为本地视图和_____视图。（2006 年 9 月）

解析： 在 Visual FoxPro 中，视图可以分为本地视图和远程视图。

答案： 远程

【例 4】 在 Visual FoxPro 中，为了通过视图修改的基本表中的数据，需要在视图设计器的_____选项卡设置有关属性。（2006 年 9 月）

解析： 在视图设计器的"更新条件"选项卡中，可以设定数据更新的条件和方法。

答案： 更新条件

【例 5】 已有查询文件 queryone.qpr，要执行该查询文件可使用命令_____。（2010 年 3 月）

解析： 运行查询文件的命令格式是 DO <查询文件名.QPR>，不能省略扩展名.QPR。

答案： do queryone.qpr

例 6 和例 7 使用如下三个表。

零件.DBF：零件号 C(2)，零件名称 C(10)，单价 N(10)，规格 C(8)
使用零件.DBF：项目号 C(2)，零件号 C(2)，数量 I
项目.DBF：项目号 C(2)，项目名称 C(20)，项目负责人 C(10)，电话 C(20)

【例 6】　建立一个由零件名称、数量、项目号、项目名称字段构成的视图，视图中只包含项目号为"s2"的数据，应该使用的 SQL 语句如下。（2004 年 4 月）

```
CREATE VIEW item_view ____;
SELECT 零件.零件名称,使用零件.数量,使用零件.项目号,项目.项目名称;
FROM 零件 INNER JOIN 使用零件;
INNER JOIN ____;
ON 使用零件.项目号=项目.项目号;
ON 零件.零件号=使用零件.零件号;
WHERE 项目.项目号="s2"
```

解析：在 JOIN 语句进行多表联接时，JOIN 联接表的顺序和 ON 联接条件的顺序恰好相反。

答案：AS；项目

【例 7】　从上一题建立的视图中查询使用数量最多的两个零件的信息，应该使用的 SQL 语句是 SELECT * ＿＿＿＿ 2 FROM item_view ＿＿＿＿ 数量 DESC。（2004 年 4 月）

解析：使用 TOP 语句可以只显示前几条记录，ORDER BY 语句进行排序。

答案：TOP；ORDER BY

5.3　测　试　题

5.3.1　选择题

1. 如果要在屏幕上直接看到查询结果，"查询去向"应选择＿＿＿＿。
A. 屏幕　　　　　B. 浏览　　　　　C. 浏览或屏幕　　　D. 临时表

2. 在查询设计器的"字段"选项卡中设置字段时，如果将"可用字段"框中的所有字段一次移到"选定字段"框中，可单击＿＿＿＿按钮。
A. 添加　　　　　B. 全部添加　　　C. 移去　　　　　D. 全部移去

3. 查询设计器和视图设计器的主要不同表现在于＿＿＿＿。
A. 查询设计器有"更新条件"选项卡，没有"查询去向"选项
B. 查询设计器没有"更新条件"选项卡，有"查询去向"选项
C. 视图设计器没有"更新条件"选项卡，有"查询去向"选项
D. 视图设计器有"更新条件"选项上，也有"查询去向"选项

4. 查询设计器中的"筛选"选项卡用来＿＿＿＿。
A. 编辑联接条件　　　　　　　　　B. 指定查询条件
C. 指定排序属性　　　　　　　　　D. 指定是否要重复记录

5. 查询设计器中的"杂项"选项卡用于_____。

A. 编辑联接条件

B. 指定是否要重复记录及列在前面的记录等

C. 指定查询条件

D. 指定要查询的数据

6. 查询设计器中的选项卡中没有_____。

A. 字段　　　　　B. 杂项　　　　　C. 筛选　　　　　D. 分类

7. 下列关于查询的说法，不正确的一项是_____。

A. 查询是Visual FoxPro支持的一种数据库对象

B. 查询就是预先定义好的一个SQL SELECT语句

C. 查询是从指定的表中提取满足条件的记录，然后按照想得到的输出类型定向输出查询结果

D. 查询就是一种表文件

8. 下列关于查询的说法正确的一项是_____。

A. 查询文件的扩展名为.QPX

B. 不能基于自由表创建查询

C. 根据数据库表或自由表或视图可以建立查询

D. 不能基于视图创建查询

9. 下列关于查询的说法中错误的是_____。

A. 利用查询设计器可以查询表的内容

B. 利用查询设计器不能完成数据的统计运算

C. 利用查询设计器可以进行有关表数据的统计运算

D. 查询设计器的查询去向可以是图形

10. 在Visual FoxPro中，查询文件的扩展名为_____。

A. .QPR　　　　　B. .FMT　　　　　C. .FPT　　　　　D. .LBT

11. 在Visual FoxPro中，当一个查询基于多个表时，要求_____。

A. 表之间不需要有联系　　　　　B. 表之间必须是有联系的

C. 表之间一定不要有联系　　　　　D. 表之间可以有联系也可以没联系

12. 在查询设计器中，用于编辑联接条件的选项卡是_____。

A. 字段　　　　　B. 联接　　　　　C. 筛选　　　　　D. 排序依据

13. 在查询设计器中可以定义的"查询去向"默认为_____。

A. 浏览　　　　　B. 图形　　　　　C. 临时表　　　　　D. 标签

14. 只有满足联接条件的记录才包含在查询结果中，这种联接为_____。

A. 左联接　　　　B. 右联接　　　　C. 内部联接　　　　D. 完全联接

15. 修改本地视图使用的命令是_____。

A. CREATE SQL VIEW　　　　　B. MODIFY VIEW

C. RENAME VIEW　　　　　D. DELETE VIEW

16. 在Visual FoxPro中，关于视图的正确描述是_____。

A. 视图也称作窗口

B. 视图是一个预先定义好的SQL SELECT语句文件

    C. 视图是一种用SQL SELECT语句定义的虚拟表

    D. 视图是一个存储数据的特殊表

17. 根据教师表(职工号,系号,姓名,工资,主讲课程)建立一个视图 salary，该视图包括了系号和（该系的）平均工资两个字段，正确的 SQL 语句是_____。（2004 年 9 月）

    A. CREATE VIEW salary AS 系号,SVG(工资) AS 平均工资;
        FROM 教师 GROUP BY 系号

    B. CREATE VIEW salary AS SELECT 系号,AVG(工资) AS 平均工资;
        FROM 教师 GROUP BY 系名

    C. CREATE VIEW salary SELECT 系号,AVG(工资) AS 平均工资;
        FROM 教师 GROUP BY 系号

    D. CREATE VIEW salary AS SELECT 系号,AVG(工资) AS 平均工资;
        FROM 教师 GROUP BY 系号

18. 删除视图 salary 的命令是_____。（2004 年 9 月）

    A. DROP salary VIEW   B. DROP VIEW salary

    C. DELETE salary VIEW   D. DELETE salary

5.3.2 填空题

1. 查询设计器的_____选项卡对应于SQL的GROUP BY短语和HAVING短语。

2. 查询中的分组依据是将记录分组，每个组生成查询结果中的_____条记录。

3. 利用查询设计器进行修改查询的命令是_____。

4. 视图设计器和查询设计器的界面很相像，其中_____选项卡是视图设计器中的选项卡，在查询设计器中没有。

5. 执行_____命令可以创建查询。

6. 视图可以在数据库设计器中打开，也可以用USE命令打开，但在使用USE命令打开视图之前，必须打开包含该视图的_____。

7. 由多个本地数据表创建的视图称为_____。

5.4   测试题答案

选择题

1. C   2. B   3. B   4. B   5. B   6. D   7. D   8. C   9. B   10. A
11. B   12. B   13. A   14. C   15. B   16. C   17. D   18. B

填空题

1. 分组依据   2. 1

3. MODIFY QUERY   4. 更新条件

5. CREATE QUERY   6. 数据库

7. 本地视图

第6章 表单设计与应用

6.1 知 识 要 点

（1）对象和类。
（2）表单的建立、使用、修改。
（3）表单中控件添加、控件属性设置。

6.2 典型试题与解析

6.2.1 选择题

【例1】 下面关于类、对象、属性和方法的叙述中，错误的是_____。（2005年9月）

A. 类是对一类相似对象的描述，这些对象具有相同种类的属性和方法

B. 属性用于描述对象的状态，方法用于表示对象的行为

C. 基于同一个类产生的两个对象可以分别设置自己的属性值

D. 通过执行不同对象的同名方法，其结果必然是相同的

解析：在现实世界中的任何实体都可以认为是对象。对象可以是具体的实物，也可以是某些概念。对象的三个基本要素是：属性、事件和方法。属性用来描述对象的状态，是对象的静态物理特征。事件是一种预先定义好的能被对象识别和响应的动作。方法用来描述对象的行为过程。事件的触发一般是具有独立性的，也就是说每个对象识别和响应属于自己的事件。类是具有相同或相似性质的对象的抽象，也就是说类是具有相同属性、共同方法的对象的集合。

答案：D

【例2】 在 Visual FoxPro 中，下面关于属性、方法和事件的描述错误的是_____。（2009年9月）

A. 属性用于描述对象的状态，方法用于表示对象的行为

B. 基于同一个类产生的两个对象可以分别设置自己的属性值

C. 事件代码也可以像方法一样被显示调用

D. 在创建一个表单时，可以添加新的属性、方法和事件

解析：方法和属性都可以扩展，用户可以自己定义方法和属性，在程序中可以调用该方法和属性。事件是系统提供的，不能扩展。

答案：D

【例3】 下面关于表单若干常用事件的描述中，正确的是_____。（2004年9月）

A．释放表单时，Unload事件在Destroy事件之前引发

B．运行表单时，Init事件在Load事件之前引发

C．单击表单的标题栏，引发表单的Click事件

D．上面的说法都不对

解析：Load 事件的触发时机为创建对象前，Init 事件的触发时机为创建对象时，单击控件将触发该控件的 Click 事件。释放表单时，先触发表单的 Destroy 事件，然后触发表单的 Unload 事件。

答案：D

【例4】 运行表单时，下列有关表单事件首先被触发的是_____。（2006 年 9 月）

A．Click   B．Error   C．Init   D．Load

解析：Load 事件的触发时机为创建对象前，Init 事件的触发时机为创建对象时，Click 事件是在前两个事件后，用户单击表单时触发的。

答案：D

【例5】 表单文件的扩展名是_____。（2009 年 9 月）

A．FRM   B．PRG   C．SCX   D．VCX

解析：PRG 为程序文件，SCX 为表单文件，VCX 为可视类库文件。

答案：C

【例6】 打开已经存在的表单文件的命令是_____。（2008 年 9 月）

A．MODIFY FORM   B．EDIT FORM

C．OPEN FORM   D．READ FORM

解析：选择"文件"→"打开"命令，在"打开"对话框中选择要修改的表单文件；也可以在命令窗口输入下面的命令修改表单：MODIFY FORM <表单文件名>。

答案：A

【例7】 假设某表单的Visible 属性的初值为.F.，能将其改为.T.的方法是_____。（2009 年 9 月）

A．Hide   B．Show   C．Release   D．SetFocus

解析：Show 方法是显示表单，并指定该表单是模式表单还是非模式表单。该方法将表单的 Visible 属性值设为.T.，同时使表单成为活动对象。

答案：B

【例8】 关闭表单的程序代码是 ThisForm.Release，Release 是_____。（2008 年 9 月）

A．表单对象的标题   B．表单对象的属性

C．表单对象的事件   D．表单对象的方法

解析：表单常用的事件有 Init 事件、Destroy 事件、Load 事件、Unload 事件、GotFocus 事件、Click 事件、DbClick 事件、RightClick 事件和 InteractiveChange 事件。常用的方法有 Release 方法、Refresh 方法、Show 方法、Hide 方法和 SetFocus 方法。

答案：D

【例9】 新创建的表单默认标题为 Form1，为了修改表单的标题，应设置表单的_____。（2003 年 9 月）

A．Name 属性   B．Caption 属性

C．Closable 属性　　　　　　　　　　　D．AlwaysOnTop 属性

解析：Name 属性是所有对象都具有的属性，它是所创建对象的名称。所有对象在创建时都会由 Visual FoxPro 自动提供一个默认名称。Caption 属性决定控件标题显示的文本内容。Closable 属性决定是否可用表单标题栏上的关闭按钮关闭表单。AlwaysOnTop 属性决定其他窗口是否覆盖住表单窗口。

答案：B

【例 10】　假设在表单设计器环境下，表单中有一个文本框且已经被选定为当前对象。现在从属性窗口中选择 Value 属性，然后在设置框中输入：={＾2001-9-10}-{＾2001-8-20}。请问以上操作后，文本框 Value 属性值的数据类型为_____。（2007 年 9 月）

A．日期型　　　　　　B．数值型　　　　　　　　C．字符型　　　　　　　　D．以上操作出错

解析：文本框的 Value 属性可以接受任意类型的数据，可以直接输入数据，也可以输入 "=" 及表达式，通过运算得到。题中表达式为两个日期相减，结果为两个日期相差的天数，即数值型数据。

答案：B

【例 11】　以下所列各项属于命令按钮事件的是_____。（2006 年 4 月）

A．Parent　　　　　　B．This　　　　　　　　C．ThisForm　　　　　　D．Click

解析：事件是一种预先定义好的能被对象识别和响应的动作，每一个对象都有与其相关联的事件，Click 是对象的单击事件。Parent 是对象的一个属性，而 This 和 ThisForm 是关键字，分别表示该对象和该对象所在的表单。

答案：D

【例 12】　在 Visual FoxPro 中，属于命令按钮属性的是_____。（2010 年 9 月）

A．Parent　　　　　　B．This　　　　　　　　C．ThisForm　　　　　　D．Click

解析：属性用来描述对象的状态，供对象调用。Parent 是对象的一个属性，属性值为对象引用，指向该对象的直接容器对象。

答案：A

【例 13】　假设表单上由一选项组：⊙男○女，初始时该选择组的 Value 的属性值为 1，若选项按钮 "女" 被选中，该选项组的 Value 属性值是_____。（2009 年 3 月）

A．1　　　　　　　　B．2　　　　　　　　　　C．"女"　　　　　　　　D．"男"

解析：选项组控件的 Value 属性值默认是数值型（初始值为 1），也可以是字符型。若为数值 N，则表示选项组中第 N 个选项按钮被选中，若为字符串 C，则表示选项组中 Caption 属性值为 C 的选项按钮被选中。此题中，选项按钮 "女" 被选中，表示第二个选项按钮被选中，所以为 2。

答案：B

【例 14】　在表单设计器环境中，为表单添加一个选项按钮组：⊙男○女。默认情况下，第一个选项按钮 "男" 为选中状态，此时该选项按钮组的 Value 属性值为_____。（2010 年 9 月）

A．0　　　　　　　　B．1　　　　　　　　　　C．"男"　　　　　　　　D．.T.

解析：选项按钮组的 VALUE 属性值默认是数值型。

答案：B

【例 15】 表单里有一个选项按钮组，包含两个选项组 Option1 和 Option2，假设 Option2 没有设置 Click 事件代码，而 Option1 以及选项按钮和表单都设置了 Click 事件代码，那么当表单运行时，如果用户单击 Option2，系统将_____。（2008 年 4 月）

A．执行表单的 Click 事件代码　　　　　B．执行选项按钮组的 Click 事件代码

C．执行 Option1 的 Click 事件代码　　　D．不会有反应

解析： 若命令组或选项组中某个按钮有自己独立的 Click 事件，当单击该按钮时，将执行为其单独设置的代码，而不执行按钮组中的 Click 事件代码。

若按钮组编写了 Click 事件代码，而组中的某个按钮没有设置事件代码，那么当这个按钮的 Click 事件引发时，将执行按钮组的 Click 事件代码。

答案： B

【例 16】 表格控件的数据源可以是_____。（2006 年 4 月）

A．视图　　　　　　　　　　　　　　　B．表

C．SQL SELECT 语句　　　　　　　　　D．以上答案都对

解析： 表格的数据源可以是表、视图和SQL SELECT语句。

答案： D

【例 17】 表单名为 myForm 的表单中有一个页框 myPageFrame，将该页框的第三页 (Page3)的标题设置为"修改"，可以使用代码_____。（2008 年 4 月）

A．myForm. Page3. myPageFrame. Caption="修改"

B．myForm. myPageFrame. Caption. Page3="修改"

C．Thisform. myPageFrame. Page3. Caption="修改"

D．Thisform. myPageFrame. Caption. Page3="修改"

解析： 当需要引用某个对象时，就必须指明对象所在的层次。访问对象属性的格式：<对象引用>.<对象属性>。对象属性是描述对象特征的，所以通常要被赋予具体的值。

答案： C

【例 18】 页框控件也称作选项卡控件，在一个页框中可以有多个页面，页面个数的属性是_____。（2008 年 9 月）

A．Count　　　　B．Page　　　　C．Num　　　　D．PageCount

解析： PageCount 属性指定页框对象所含页面个数。该属性最小值为 0，最大值为 99。

答案： D

【例 19】 在 Visual FoxPro 中，可视类库文件的扩展名是_____。（2010 年 9 月）

A．.dbf　　　　B．.scx　　　　C．.vcx　　　　D．.dbc

解析： .dbf 是数据表文件的扩展名，.scx 是表单文件的扩展名，.vcx 是可视类库文件的扩展名，.dbc 是数据库文件的扩展名。

答案： C

【例 20】 创建一个名为 student 的新类，保存新类的类库名称是 mylib，新类的父类是 Person，正确的命令是_____。（2009 年 9 月）

A．CREATE CLASS mylib OF student As Person

B．CREATE CLASS student OF Person As mylib

C．CREATE CLASS student OF mylib As Person

D. CREATE CLASS Person OF mylib As student

解析： 创建新类的命令格式为：CREATE CLASS 类名 OF 类库名 AS 父类。

答案： C

6.2.2 填空题

【例 1】 命令按钮的 Cancel 属性的默认值是_____。（2009 年 9 月）

解析： Cancel 属性指定按下 Esc 键时，Cancel 属性值为.T. 的命令按钮响应。该属性主要适用于命令按钮，默认值为.F.。

答案： .F.

【例 2】 为使表单运行时在主窗口中居中显示，应设置表单的 AutoCenter 属性为_____。（2007 年 4 月）

解析： AutoCenter 属性决定表单显示时在窗口中的位置。默认值为.F. 时，表单出现的位置与设计时的位置相同；属性值为.T. 时，表单在主窗口的中间显示。

答案： .T.

【例 3】 在 Visual FoxPro 中为表单指定标题的属性是_____。（2004 年 9 月）

解析： Caption 属性决定控件标题显示的文本内容。

答案： Caption

【例 4】 Visual FoxPro 表单的 Load 事件发生在 Init 事件之_____。（2004 年 9 月）

解析： Load 事件的触发时机为创建对象前，Init 事件的触发时机为创建对象时，所以 Load 事件在 Init 事件前发生。

答案： 前

【例 5】 在将设计好的表单存盘时，系统生成扩展名分别是 SCX 和_____的两个文件。（2004 年 9 月）

解析： 表单文件的扩展名为.SCX，同时生成表单备注文件.SCT。

答案： SCT

【例 6】 在 Visual FoxPro 中，运行当前文件夹下的表单 T1. SCX 的命令是_____。（2003 年 9 月）

解析： 运行表单的命令是：DO FORM <表单文件名>。

答案： DO FORM T1

【例 7】 为了在文本框输入时隐藏信息（如显示"*"），需要设置该控件的_____属性。（2008 年 9 月）

解析： PasswordChar 属性指定文本框控件内是显示用户输入的字符还是显示占位符。该属性默认值为空串，此时无占位符，文本框内容显示用户输入的内容。当为该属性指定了一个字符（如"*"）后，则文本框中不显示用户输入的内容，而显示占位符。该属性常用于密码输入。

答案： PasswordChar

【例 8】 如果文本框中只能输入数字和正负号，需要设置文本框的_____属性。（2010 年 9 月）

解析： InputMask 属性指定在文本框中如何输入和显示数据。当其值为 9 时，只允许输入数字和正负号。

答案：InputMask

【例9】 可以使编辑框的内容处于只读状态的两个属性是 ReadOnly 和_____。（2009 年 9 月）

解析：ReadOnly 属性指定用户能否修改编辑框中的文本内容。属性值为.T.时，用户不能修改编辑框中的内容。属性值为.F.时，用户可以修改编辑框中的内容。Enabled 属性指定控件能否响应用户引发的事件。属性值为.T.时控件能响应用户引发的事件，属性值为.F. 时控件不能响应用户引发的事件。因此，ReadOnly 和 Enabled 属性都可以使编辑框处于只读状态。

答案：Enabled

【例10】 在 Visual FoxPro 的表单设计中，为表格控件指定数据源的属性是_____。（2004 年 9 月）

解析：用户可以为整个表格设置数据源，该数据源通过 RecordSourceType 属性和 RecordSource 属性指定。RecordSourceType 属性为记录源类型，RecordSource 属性为记录源。

答案：RecordSource

6.3 测 试 题

6.3.1 选择题

1. 下面属于表单方法名(非事件名)的是_____。
A. Init   B. Release   C. Destroy   D. Caption

2. 假设表单MyForm隐藏着，让该表单在屏幕上显示的命令是_____。
A. MyForm. List   B. MyForm. Display
C. MyForm. Show   D. MyForm. ShowForm

3. 在Visual FoxPro中调用表单mf1的正确命令是_____。
A. DO mf1   B. DO FROM mf1
C. DO FORM mf1   D. RUN mf1

4. 以下属于容器类控件的是_____。
A. Text   B. Form   C. Label   D. CommandBotton

5. 在表单中，有关列表框和组合框内选项的多重选择，正确的叙述是_____。
A. 列表框和组合框都可以设置成多重选择
B. 列表框和组合框都不可以设置成多重选择
C. 列表框可以设置多重选择，而组合框不可以
D. 组合框可以设置多重选择，而列表框不可以

6. 下列表单的_____属性设置为真时，表单运行时将自动居中。
A. AutoCenter   B. AlwaysOnTop   C. ShowCenter   D. FormCenter

7. 在Visual FoxPro中，组合框的Style属性值为2，则该下拉框的形式为_____。
A. 下拉组合框   B. 下拉列表框   C. 下拉文本框   D. 错误设置

8. 表单控件工具栏的作用是在表单上创建_____。

A. 文本　　　　　B. 事件　　　　　C. 控件　　　　　D. 方法

9. 在 Visual FoxPro 中，表单文件的扩展名为_____。

A. . QPR　　　　　B. . PRG　　　　　C. . SCX　　　　　D. . PJX

10. 如果要运行一个表单，下列事件首先触发的是_____。

A. Load　　　　　B. Error　　　　　C. Init　　　　　D. Click

11. 释放和关闭表单的方法是_____。

A. Release　　　　B. Delete　　　　C. LostFocus　　　D. Destory

12. 有 Visual FoxPro 中，释放表单时会引发的事件是_____。

A. UnLoad 事件　　　　　　　　B. Init 事件

C. Load 事件　　　　　　　　　D. Release 事件

13. 下列关于组合框的说法中正确的是_____。

A. 组合框中，只有一个条目是可见的　　B. 组合框不提供多重选定的功能

C. 组合框没有 MultiSelect 属性的设置　　D. 以上说法均正确

14. 对于表单及控件的绝大多数属性，其类型通常是固定的，通常 Caption 属性只用来接收_____。

A. 数值型数据　　　　　　　　B. 字符型数据

C. 逻辑型数据　　　　　　　　D. 以上数据类型都可以

15. 在表单控件中，要保存多行文本，可创建_____。

A. 列表框　　　　　B. 文本框　　　　　C. 标签　　　　　D. 编辑框

16. 在表单中为表格控件指定数据源的属性是_____。

A. DataSource　　B. DateFrom　　　C. RecordSource　　D. RecordFrom

17. 设置文本框内容的属性是_____。

A. value　　　　　B. Caption　　　　C. Name　　　　　D. Inputmask

18. 为了隐藏在文本框中输入的信息，用占位符代替显示用户输入的字符，需要设置的属性是_____。

A. value　　　　　B. ControlSource　　C. InputMask　　　D. PasswordChar

19. 如果文本框的 InputMask 属性值是 #99999，允许在文本输入的是_____。

A. +12345　　　　B. abc123　　　　C. $12345　　　　D. abcdef

20. 在命令按钮组中，决定命令按钮数目的属性是_____。

A. ButtonCount　　B. Buttons　　　　C. Value　　　　　D. ControlSource

21. 将编辑框的 ReadOnly 属性值设置为.T.，则运行时此编辑框中的内容_____。

A. 只能读　　　　　　　　　　B. 只能用来编辑

C. 可以读也可以编辑　　　　　　D. 对编辑框设置无效

22. 在 Visual FoxPro 中，下面关于属性、事件、方法叙述错误的是_____（2010 年3 月）

A. 属性用于描述对象的状态

B. 方法用于描述对象的行为

C. 事件代码可以像方法一样被显示调用

   D. 基于同一个类产生的两个对象的属性不能分别设置自己的属性

6.3.2 填空题

1. Visual FoxPro 子类是在已有类的基础上进行修改而形成的类，子类对父类的方法和属性可以_____。

2. 在将设计好的表单存盘时，系统将生成扩展名分别是 SCX 和_____的两个文件。

3. 在 Visual FoxPro 中为表单指定标题的属性是_____。

4. 在表单设计器中可以通过_____工具栏的工具快速对齐表单中的控件。

5. 在 Visual FoxPro 中，在运行表单时最先引发的表单事件是_____事件。

6. 在表单中要使控件成为可见的，应设置控件的_____属性。

7. 在 Visual FoxPro 表单中，当用户使用鼠标单击命令按钮时，会触发命令按钮_____的_____事件。

8. 在 Visual FoxPro 表单中，用来确定复选框是否被选中的属性是_____。

9. 在文本框中，利用_____属性指定文本框内显示占位符。

10. 设计表单时，要确定表单中是否有最大化按钮，可通过表单_____属性进行设置。

11. 在 Visual FoxPro 中，释放和关闭表单的方法是_____。

12. 在表单中设计一组复选框（CheckBox）控件是为了可以选择_____个或多个选项。

13. 选项组：○男 ○女，该选项组的 Value 属性值赋为 0。当其中的第一个选项按钮"男"被选中，该选项组的 Value 属性值为_____。

6.4 测试题答案

选择题

1. B   2. C   3. C   4. B   5. C   6. A   7. B   8. C   9. C   10. A
11. A   12. A   13. D   14. B   15. D   16. C   17. A   18. D   19. A   20. A
21. A   22. D

填空题

1. 继承   2. SCT

3. Caption   4. 布局

5. Load   6. Visible

7. Click 或单击   8. Value

9. PasswordChar   10. MaxButton

11. Release   12. 零 或 0

13. 1

第7章 程序设计基础

7.1 知 识 要 点

（1）程序的建立、调试和运行。
（2）顺序结构、选择结构和循环结构的程序设计。
（3）过程及过程文件。
（4）过程调用中的参数传递。
（5）变量的作用域。

7.2 典型试题与解析

7.2.1 选择题

【例1】 下列能够退出 Visual FoxPro 系统，返回到操作系统的命令是_____。
A. DO　　　　　　B. RETURN　　　　　C. CANCEL　　　　D. QUIT
解析：DO 命令表示调用另一个程序或过程去执行；RETURN 命令表示结束当前程序的执行，返回到调用它的上级程序，如果没有上级程序则返回到命令窗口；CANCEL 命令表示终止程序运行，清除所有私有变量，返回到命令窗口；QUIT 命令可以退出 Visual FoxPro 系统，返回到操作系统。
答案：D

【例2】 在 Visual FoxPro 中，编译后的程序文件的扩展名为_____。（2010年3月）
A. PRG　　　　　　B. EXE　　　　　　C. DBC　　　　　D. FXP
解析：.PRG 是程序文件扩展名，.EXE 是可执行程序文件扩展名，.DBC 是数据库文件扩展名，.FXP 是编译后的程序文件扩展名。
答案：D

【例3】 假设新建了一个程序文件 MYPROC. PRG（不存在同名的.EXE、.APP 和.FXP 文件），然后在命令窗口输入命令 DO MYPROC，执行该程序并获得正常的结果。现在用命令 ERASE MYPROC. PRG 删除该程序文件，然后再次执行命令 DO MYPROC，产生的结果是_____。（2010年9月）
　　A. 出错（找不到文件）
　　B. 与第一次执行的结果相同
　　C. 系统打井"运行"对话框，要求指定文件
　　D. 以上都不对

解析：Visual FoxPro 中刚创建完的程序文件，是一个扩展名为 .PRG 的源程序文件。而在运行程序后，系统会自动产生与源程序同名的目标程序，其扩展名为 .FXP。当删除了 MYPROC. PRG 程序文件后，第二次执行 DO MYPROC 命令，将执行 MYPROC. FXP 程序，结果与第一次相同。

答案：D

【**例 4**】　在 Visual FoxPro 中，如果希望跳出 SCAN…ENDSCAN 循环，执行 ENDSCAN 后面的语句，应使用_____。（2005 年 4 月）

　　A．LOOP 语句　　　B．EXIT 语句　　　　C．BREAK 语句　　　　D．RETURN 语句

解析：LOOP 和 EXIT 语句可以出现在 SCAN…ENDSCAN 循环语句中，但执行 EXIT 语句，将结束整个循环，执行 ENDSCAN 后面的语句；执行 LOOP 语句，将结束本次循环，从 SCAN 开始重新判断循环条件。RETURN 命令从被调函数退出，返回主函数。Visual FoxPro 中没有 BREAK 命令。

答案：B

【**例 5**】　在 DO WHILE … ENDDO 循环结构中，EXIT 命令的作用是_____。（2003 年 9 月）

　　A．退出过程，返回程序开始处

　　B．转移到 DO WHILE 语句行，开始下一个判断和循环

　　C．终止循环，将控制转移到本循环结构 ENDDO 后面的第一条语句继续执行

　　D．终止程序执行

解析：EXIT 语句的功能是：结束循环体的执行，直接跳到循环结构后的语句执行，在本题中，则调到 ENDDO 后面的语句执行。

答案：C

【**例 6**】　下列程序段的输出结果是_____。（2010 年 3 月）

```
ACCEPT TO a
IF a=[123]
s=0
ENDIF
s=1
?s
```

　　A．0　　　　　　　　B．1　　　　　　　　C．123　　　　　　　D．由 A 的值决定

解析：本程序中，无论用户输入的数据是什么，ENDIF 后的语句 s=1 都将执行，所以变量 s 的值必然为 1。

答案：B

【**例 7**】　下列程序的运行结果是_____。（2008 年 4 月）

```
SET EXACT ON
s="ni"+SPACE(2)
IF s=="ni"
    IF s="ni"
        ?"one"
```

```
    ELSE
        ?"two"
    ENDIF
ELSE
    IF s="ni"
        ?"three"
    ELSE
        ?"four"
    ENDIF
ENDIF
RETURN
```

A. one　　　　　　B. two　　　　　　C. three　　　　　D. four

解析：SET EXACT ON 命令设置"="的比较规则，在进行比较之前，在较短的字符尾部加空格，使之和较长的字符串长度相同，再进行比较。本例中执行 s="ni"+space(2) 语句后，s 的值为"ni　"，故表达式 s=="ni"不成立，而 s="ni"则由于 SET EXACT ON 的设置而成立。

答案：C

【例8】　下列程序段执行以后，内存变量 y 的值是_____。(2008 年 4 月)

```
CLEAR
x=12345
y=0
DO WHILE x>0
y=y+x%10
x=INT(x/10)
ENDDO
?y
```

A. 54321　　　　B. 12345　　　　C. 51　　　　　　D. 15

解析：循环体内两条语句使变量 y 和 x 的值按如下规律变化。

```
y=0+5=5        x=1234
y=5+4=9        x=123
y=9+3=12       x=12
y=12+2=14      x=1
y=14+1=15      x=0
```

答案：D

【例9】　下列程序执行以后，内存变量 y 的值是_____。(2006 年 9 月)

```
x=34567
y=0
DO WHILE x>0
y=x%10+y*10
x=INT(x/10)
ENDDO
```

A. 3456　　　　　B. 34567　　　　C. 7654　　　　　D. 76543

解析： 循环体内两条语句使变量 y 和 x 的值按如下规律变化。

```
y=7        x=3456
y=76       x=345
y=765      x=34
y=7654     x=3
y=76543    x=0
```

答案： D

【例 10】 设有如下程序：

```
CLEAR
a=30
b=36
DO WHILE b>=a
    b=b-1
    ?a,b
ENDDO
```

执行该程序时，要执行_____次循环。

A. 6　　　　　　　　B. 7　　　　　　　　C. 30　　　　　　　　D. 36

解析： 循环条件 b>=a 为真时执行一次循环体，为假时循环结束。循环执行过程如下。

第 1 次执行循环体后：a=30，b=35
第 2 次执行循环体后：a=30，b=34
第 3 次执行循环体后：a=30，b=33
第 4 次执行循环体后：a=30，b=32
第 5 次执行循环体后：a=30，b=31
第 6 次执行循环体后：a=30，b=30
第 7 次执行循环体后：a=30，b=29

此时，循环条件 b>=a 的值为假，循环结束。

答案： B

【例 11】 下面程序计算一个整数的各位数字之和，在下划线处应填写的语句是 _____。（2007 年 9 月）

```
SET TALK OFF
INPUT "x=" TO x
s=0
DO WHILE x!=0
s=s+MOD(x,10)
_____
ENDDO
?s
SET TALK ON
```

A．x=INT(x/10)　　B．x= INT (x%10)　　C．x=x- INT (x/10)　　D．x=x- INT (x%10)

解析： 函数 MOD(x,10)取出整数 x 的个位数字，欲求整数 x 的各位数之和，只需每次循环时将 x 去掉个位数（即最后一位）变成一个新的整数即可。

答案： A

【例12】 下列程序段执行时在屏幕上显示的结果是_____。 （2009 年 9 月）

```
DIME a(6)
a(1)=1
a(2)=1
FOR i=3 TO 6
a(i)=a(i-1)+a(i-2)
NEXT
?a(6)
```

A．5　　　　　　B．6　　　　　　C．7　　　　　　D．8

解析： 此例中六个数组元素，除了第一个和第二个元素外，其他元素都为前两个元素之和。

答案： D

【例13】 如果在命令窗口执行命令：LIST 名称，主窗口中显示

```
记录号    名称
1        电视机
2        计算机
3        电话线
4        电冰箱
5        电线
```

假定名称字段为字符型、宽度为6，下面程序段的输出结果是_____。（2006年4月）

```
GO 2
SCAN NEXT 4 FOR LEFT(名称,2)="电"
    IF RIGHT(名称,2)="线"
        EXIT
    ENDIF
ENDSCAN
?名称
```

A．电话线　　　B．电线　　　　C．电冰箱　　　D．电视机

解析： SCAN 循环执行到第三条记录时，RIGHT(名称,2)="线"成立，跳出循环，输出名称"电话线"。

答案： A

【例14】 如果在命令窗口输入并执行命令"LIST 名称"后在主窗口中显示：

```
记录号  名称
1  电视机
```

　　　　2　计算机
　　　　3　电话线
　　　　4　电冰箱
　　　　5　电线

假定名称字段为字符型、宽度为 6，下面程序段的输出结果是_____。（2005 年 9 月）

```
GO 2
SCAN  NEXT 4 FOR LEFT(名称,2)="电"
IF RIGHT(名称,2)="线"
        LOOP
    ENDIF
    ??名称
ENDSCAN
```

　　A．电话线　　　　B．电冰箱　　　　　C．电冰箱电线　　　　D．电视机电冰箱

　　解析：SCAN 循环过程如下：第二条记录不满足 LEFT(名称,2)="电"的条件，故判断下一条记录；第三条记录，RIGHT(名称,2)="线"成立，返回到循环开始位置，继续对下一条记录判断；第四条记录满足 LEFT(名称,2）="电"的条件，但不满足 RIGHT(名称,2)="线"，故输出该条记录。对于第五条记录，注意字段的宽度为 6，所以不满足 RIGHT(名称,2)="线"的条件，继续输出该记录。

　　答案：C

　　【例 15】　在程序中不需要用 PUBLIC 等命令明确声明和建立，可以直接使用的内存变量是_____。（2004 年 9 月）

　　A．局部变量　　　B．公共变量　　　　C．私有变量　　　　D．全局变量

　　解析：局部变量只能在建立它的程序模块中使用，必须先用 LOCAL 命令声明；公共变量（也叫做全局变量）在任何模块中都可使用，这种变量必须先定义后使用，定义格式为：PUBLIC <内存变量表>；私有变量的作用域是建立变量的程序模块以及它的子模块。私有变量不需要声明直接就可使用，在默认情况下，Visual FoxPro 中的变量都是私有变量。

　　答案：C

　　【例 16】　通过 LOCAL 命令建立的内存变量，其初值为_____。

　　A．1　　　　　　B．.F.　　　　　　　C．0　　　　　　　D．.T.

　　解析：通过 LOCAL 和 PUBLIC 命令建立的内存变量，在声明的同时自动赋初值.F.。

　　答案：B

　　【例 17】　在 Visual FoxPro 中，如果希望内存变量只能在本模块(过程)中使用，不能在上层或下层模块中使用，说明该种内存变量的命令是_____。（2007 年 4 月）

　　A．PRIVATE　　　　　　　　　　　B．LOCAL
　　C．PUBLIC　　　　　　　　　　　　D．不用说明，在程序中直接使用

　　解析：局部变量只在声明它的过程内起作用。

　　答案：B

【例18】 在 Visual FoxPro 中,有如下程序,函数 IIF()返回值是_____。(2009年4月)

```
****程序
PRIVATE x,y
STORE "男" TO x
y=LEN(x)+2
?IIF(y<4, "男", "女")
RETURN
```

A. "女"　　　　　B. "男"　　　　　C. .T.　　　　　D. .F.

解析：IIF()函数的格式为 IIF(<条件>,<表达式 1>,<表达式 2>),如果<条件>的值为.T.,则函数的返回值为<表达式 1>,否则,函数的返回值为<表达式 2>。本例中,表达式 y=LEN(x)+2 的值为 4,故函数 IIF(y<4,"男","女")的返回值为"女"。

答案：A

【例19】 设有如下程序：

```
CLEAR
SET TALK OFF
a="500"
DO p1
?a
RETURN
PROCEDURE p1
a=a+"5000"
ENDPROC
```

执行该程序,显示的结果为_____。

A. 5500　　　　　B. 5000　　　　　C. 5005000　　　　　D. 5000500

解析：a 为私有变量,调用过程 p1 实现字符串联接运算。

答案：C

【例20】 下列程序段执行以后,内存变量 x 和 y 的值是_____。(2008 年 4 月)

```
CLEAR
STORE 3 TO x
STORE 5 TO y
PLUS((x),y)
?x,y
PROCEDURE PLUS
PARAMETERS  a1,a2
a1=a1+a2
a2=a1+a2
ENDPROC
```

A. 8 13　　　　　B. 3 13　　　　　C. 3 5　　　　　D. 8 5

解析：调用过程 PLUS 时,(x)强制参数 x 按值传递,参数 y 默认情况下也按值传递,故过程调用后参数 x 和 y 的值保持不变。

答案：C

【例 21】   在 Visual FoxPro 中有如下程序:

```
*程序名:TEST.PRG
*调用方法: DO TEST
SET TALK OFF
CLOSE ALL
CLEAR ALL
mx="Visual FoxPro"
my="二级"
DO SUB1 WITH mX
?my+mx
RETURN
*子程序:SUB1.PRG
PROCEDURE SUB1
PARAMETERS mx1
LOCAL mx
mx=" Visual FoxPro DBMS 考试"
my="计算机等级"+my
RETURN
```

执行命令 DO TEST 后，屏幕的显示结果为_____。（2003 年 9 月）

A. 二级 Visual FoxPro

B. 计算机等级二级 Visual FoxPro DBMS 考试

C. 二级 Visual FoxPro DBMS 考试

D. 计算机等级二级 Visual FoxPro

解析：主程序 TEST.PRG 中变量 mx 和 my 是私有变量，作用域是主程序及其子程序 SUB1.PRG。SUB1.PRG 中的变量 mx 是局部变量，作用域是过程内部，与主程序 TEST.PRG 中的变量 mx 并不是同一变量。在子程序 SUB1.PRG 中，变量 my 的值被赋为 "计算机等级二级"，而主程序中的变量 mX 仍为 "Visual FoxPro"，所以 my+mx 的结果为 "计算机等级二级 Visual FoxPro"。

答案：D

【例 22】   下列程序段的输出结果是_____。（2004 年 9 月）

```
CLEAR
STORE 10 to a
STORE 20 to b
SET UDFPARMS TO REFERENCE
DO swap WITH a,(b)
?a,b
PROCEDURE swap
PARAMETERS x1,x2
```

```
temp=x1
x1=x2
x2=temp
ENDPROC
```

A. 10 20　　　　B. 20 20　　　　C. 20 10　　　　D. 10 10

解析：本题考查参数的传递方式，SET UDFPARMS TO REFERENCE 命令设定参数按引用方式传递，但由于变量 b 是被一对括号括起来后作为参数传递的，所以 b 的传递方式是值传递，执行过程 swap 是将变量 a 和 b 的值交换，a 变为 20，a 变为 10，但 b 的值在过程执行完返回主程序后仍保持原来的值 20。

答案：B

【例 23】　下列程序段执行以后，内存变量 a 和 b 的值是＿＿＿＿。（2006 年 9 月）

```
CLEAR
a=10
b=20
SET UDFPARMS TO REFERENCE
DO SQ WITH (a),b        &&参数 a 是值传送，b 是引用传送
? a,b
PROCEDURE SQ
PARAMETERS x1,y1
x1=x1*x1
y1=2*x1
ENDPROC
```

A. 10 200　　　　B. 100 200　　　　C. 100 20　　　　D. 10 20

解析：SET UDFPARMS TO REFERENCE 指定参数按引用传递，但变量 a 作为参数传递时包含括号，故其是按值传递的。

答案：A

【例 24】　下列程序段执行时在屏幕上显示的结果是＿＿＿＿。（2009 年 9 月）

```
x1=20
x2=30
SET UDFPARMS TO VALUE
DO test WITH x1,x2
?x1,x2
PROCEDURE test
PARAMETERS a,b
x=a
a=b
b=x
ENDPRO
```

A. 30　　　　30　　　　B. 30　　　　20　　　　C. 20　　　　20　　　　D. 20　　　　30

解析：采用 do 命令调用过程时，参数传递的方式不受 SET UDFPARMS TO 命令的影响，x1，x2 都为按引用方式传递，调用过程 test 后，x1 的值与参数 a 的值相同，x2 的值与参数 b 的值相同。过程 test 的功能是交换参数 a 和 b 的值，故调用过程后即交换了 x1 和 x2 的值。

答案：B

7.2.2　填空题

【例 1】　在程序中插入注释语句，可以使用_____或_____开头的代码行作为注释行。

解析：以 NOTE 或*开始的注释语句，一般放在代码行的开头，称为注释行。以&&为开头的注释语句，放在命令行后面，注释当前命令行程序的功能。

答案：NOTE　　　*

【例 2】　执行下列程序，显示的结果是_____。（2004 年 4 月）

```
i=1
DO WHILE i<10
i=i+2
ENDDO
?i
```

解析：每执行一次循环体，循环变量 i 的值加 2，循环条件为 i<10，i 的变化过程如下。

第 1 次执行循环体后，i=3
第 2 次执行循环体后，i=5
第 3 次执行循环体后，i=7
第 4 次执行循环体后，i=9
第 5 次执行循环体后，i=11

此时跳出循环体，所以，i 的值为 11。

答案：11

【例 3】　执行下列程序，显示的结果是_____。（2005 年 4 月）

```
s=1
i=0
DO WHILE i<8
s=s+i
i=i+2
ENDDO
?s
```

解析：循环体执行过程中，变量 s 和 i 的变化过程如下。

第 1 次执行循环体后，s=1，i=2
第 2 次执行循环体后，s=3，i=4

第 3 次执行循环体后，s=7，i=6

第 4 次执行循环体后，s=13，i=8

此时跳出循环，所以，s 的值为 13。

答案： 13

【例 4】 执行下列程序，显示的结果是_____。（2007 年 4 月）

```
one="WORK"
two=""
a=LEN(one)
i=a
DO WHILE i>=1
two=two+SUBSTR(one,i,1)
i=i-1
ENDDO
?two
```

解析： 变量 i 存放字符串"WORK"的长度，每执行一次循环体，则从字符串"WORK"中按逆序取出一个字符联接到变量 two，最后将变量 two 的值输出。

答案： KROW

【例 5】 说明公共变量的命令关键字是_____（关键字必须拼写完整）。（2003 年 9 月）

解析： 公共变量也称全局变量，它一旦定义，在任何模块中都可以使用。并且这种变量必须先定义后使用，定义格式如下。

```
PUBLIC <内存变量表>
```

答案： PUBLIC

【例 6】 执行以下程序，显示的结果为_____和_____。

```
CLEAR
STORE 100 TO x,y
SET UDFPARMS TO VALUE
DO sub1 WITH x,(y)
?x,y
STORE 100 TO x,y
sub1(x,(y))
?x,y
PROCEDURE sub1
PARAMETERS x,y
STORE x+50 TO x
STORE y+50 TO y
ENDPROC
```

解析： 采用 DO <过程名> WITH <实参 1>[,<实参 2>,…]方式调用过程，参数是变量时，默认为按引用传递，且不受 SET UDFPARMS TO 设置的影响，但将参数 y 用括号括起来，则可使其为按值传递。SET UDFPARMS TO VALUE 命令对采用<过程名>（<实参 1>[,<实参 2>,…]）格式调用的过程有影响，使语句"sub1(x,(y))"的参数传递方式为按值传递。

答案：150 100   100 100

【例 7】 在 Visual FoxPro 中，有如下程序：

```
*程序名：TEST.PRG
SET TALK OFF
PRIVATE x,y
x= "数据库"
y= "管理系统"
DO sub1
?x+y
RETURN
*子程序：sub1
LOCAL x
x= "应用"
y= "系统"
x= x+y
RETURN
```

执行命令 DO TEST 后，屏幕显示的结果是_____。（2009 年 4 月）

解析：主程序 test 中 x 和 y 都为私有变量，其作用范围是 test 及其子程序。子程序 sub1 中 x 为局部变量，其作用范围只局限于 sub1 过程内部，所以在 sub1 过程内部出现的变量 x 与主程序 test 中的 x 为不同的变量，而 y 与主程序 test 中的 y 为同一变量。

答案：数据库系统

7.2.3 改错题

【例 1】 下面程序的功能是：输入一个整数 N，统计并输出 1 到 N 之间的奇数个数、偶数个数。其中有两处错误，请改正过来。注意：只有在******found******语句的下一行有错误，其他语句没有错误，不需要改正。

```
*********************found********************
s1,s2=0
*********************found********************
ACCEPT "请输入一个整数" TO N
DO WHILE N>0
    IF INT(N/2)=N/2
        s1=s1+1
    ELSE
        s2=s2+1
    ENDIF
    N=N-1
```

```
ENDDO
?s1,s2
```

解析：给多个变量赋相同的值应使用 STORE 命令；ACCEPT 接受键盘输入的字符型数据，而本例中需要的是数值型数据，故应使用 INPUT 语句。

答案：

```
STORE 0 TO s1,s2
INPUT "请输入一个整数" TO N
```

【例2】 下面程序的功能是：将学生表中少数民族学生的入学成绩增加 10 分。程序中有两处错误，请改正。注意：只有在******found******语句的下一行有错误，其他语句没有错误，不需要改正。

```
USE 学生
S=0
***********FOUND**********
LOCATE  民族="汉"
DO WHILE FOUND()
   REPLACE 入学成绩 WITH 入学成绩+10
***********FOUND**********
   SKIP
ENDDO
```

解析：LOCATE 命令的格式是 LOCATE FOR <条件>，CONTINUE 命令和 LOCATE 命令结合使用，将记录指针指向满足条件的下一条记录。

答案：

```
LOCATE FOR 民族="汉"
CONTINUE
```

7.3 测 试 题

7.3.1 选择题

1. Visual FoxPro 通过命令窗口建立程序的命令是_____。
A. MODI MENU 　　　　　　　　B. MODI STRU
C. MODI COMM 　　　　　　　　D. MODI VIEW
2. 要想运行已经写好的 Visual FoxPro 程序，可以使用的命令是_____。
A. 在命令窗口中利用 DO 命令实现
B. 执行"程序"→"运行"菜单，在文件列表中选择要运行的程序
C. 打开"项目管理器"，选择要运行的文件，单击"运行"按钮
D. 以上三者都可以

3. 要使变量 zch 的值为教授，执行下列命令，应在闪动光标处键入_____。

```
INPUT "请输入职称： " TO zch
```

A．"教授"　　　　B．教授　　　　　　C．{教授}　　　　　D．（教授）

4. 要使变量 zch 的值为教授，执行下列命令，应在闪动光标处键入_____。

```
ACCEPT "请输入职称： " TO zch
```

A．"教授"　　　　　B．教授　　　　　　C．{教授}　　　　　D．（教授）

5. 执行下面的程序，则输出 i 的值是_____。

```
CLEAR
FOR i=10 TO 2 STEP -3
   IF i%3=0
      i=i-2
   ENDIF
   i=i-3
   ??i
ENDFOR
```

A．8　3　　　　　B．7　2　　　　　　C．7　1　　　　　　D．6　4

6. 运行下面的程序，结果为_____（设员工表中包含多条 1979 年出生的学生记录）。

```
USE 员工表
DO WHILE NOT EOF()
   LOCATE FOR YEAR(出生日期)=1979
   DISPLAY
   CONTINUE
ENDDO
```

A．显示所有 1979 年出生的员工记录

B．显示第一条 1979 年出生的员工记录

C．显示所有不是 1979 年出生的员工记录

D．程序死循环，一直显示第一条 1979 年出生的员工记录

7. 下面程序的运行结果为_____。

```
SET TALK OFF
CLEAR
a=.T.
b=0
DO WHILE a
   b=b+1
   IF INT(b/5)=b/5
      ??b
   ELSE
      LOOP
```

```
        ENDIF
        IF b>16
            a=.F.
        ENDIF
    ENDDO
    RETURN
```

A. 5   10   15   B. 5   10   15   20

C. 5   10   D. 5   10   15   20   25

7.3.2 填空题

1. 程序的三种基本结构是顺序结构、_____和循环结构。

2. 定义全局变量的命令是_____，定义私有变量的命令是_____，定义局部变量的命令是_____。

3. 在循环语句中，执行_____语句可以立即跳出循环，从而结束循环体的执行，接着执行循环体后面的代码。

4. 在 Visual FoxPro 中，执行程序文件 ABC. PRG 的命令是_____。

5. 下列程序的运行结果是_____。

```
    X="计算机"
    Y=""
    L=LEN(X)
    DO WHILE L>=1
        Y=Y+SUBS(X,L-1,2)
        L=L-2
    ENDDO
    ?Y
```

7.3.3 改错题

1. 统计学生表中男学生的人数并显示，其中有两处错误，请改正过来。注意：只有在******found******语句的下一行有错误，其他语句没有错误，不需要改正。

```
    USE 学生
    ***********FOUND**********
    C=1
    LOCATE FOR 性别="男"
    ***********FOUND**********
    DO WHILE NOT FOUND()
        C=C+1
        CONTINUE
    ENDDO
    ?C
```

2. 以下程序的功能是：输入部门编号，对员工表中该部门的所有员工记录进行逻辑删除，其中有两处错误，请改正过来。注意：只有在******found******语句的下一行有错误，其他语句没有错误，不需要改正。

```
USE 员工表
ACCEPT "请输入部门编号" TO bmbh
***********FOUND*********
DO WHILE  NOT BOF()
      IF 部门编号=bmbh
***********FOUND*********
         PACK
      ENDIF
      SKIP
ENDDO
```

3．以下程序的功能是：从 10 个数中找出最小数，其中有两处错误，请改正过来。

```
CLEAR
n=1
INPUT "请输入第一个数: " TO a
***********FOUND*********
DO WHILE n<=10
    INPUT "请输入第二个数: " TO b
    IF a>b
       a=b
    ENDIF
***********FOUND*********
    n=n-1
ENDDO
? "最小的数是: ",a
```

7.4　测试题答案

选择题

1．C　　　2．D　　　3．A　　　4．B　　　5．C　　　6．D　　　7．B

填空题

1．选择结构（分支结构）　2．PUBLIC，　RIVATE，　　LOCAL
3．EXIT　　　　　　　　　4．DO ABC　　或　DO ABC.PRG
5．机算机

改错题

1．C=0
　　DO WHILE FOUND()　　或 DO WHILE NOT EOF()

2. DO WHILE NOT EOF()
   DELETE
3. DO WHILE n<10   或 DO WHILE n<=9
   n=n+1

第8章 菜单设计与应用

8.1 知 识 要 点

（1）菜单的结构及概念。
（2）菜单设计器的使用。
（3）下拉式菜单的设计。
（4）快捷菜单的设计。

8.2 典型试题与解析

8.2.1 选择题

【例1】 在菜单设计中，可以在定义菜单名称时为菜单项指定一个访问键。指定访问键为"x"的菜单项名称定义是_____。（2010 年 9 月）

    A．综合查询(\>x)　　　　　　　　　　B．综合查询(/>x)
    C．综合查询(\<x)　　　　　　　　　　D．综合查询(/<x)

    解析：无论是在菜单项还是在表单按钮控件中，指定一个访问键的方式相同，都是 \<X。

    答案：C

【例2】 为了从用户菜单返回到系统菜单应该使用命令_____。（2004 年 4 月）

    A．SET DEFAULT SYSTEM　　　　　B．SET MENU TO DEFAULT
    C．SET SYSTEM TO DEFAULT　　　　D．SET SYSMENU TO DEFAULT

    解析：SET SYSMENU TO DEFAULT 将系统菜单恢复为缺省设置，其他选项均为错误命令语句。

    答案：D

【例3】 为表单建立快捷菜单 MYMENU，调用快捷菜单的命令代码 DO mymenu .mpr WITH THIS，应该放在表单的_____中。（2004 年 9 月）

    A．Destroy 事件　 B．Init 事件　　　　 C．Load 事件　　　　 D．RightClick 事件

    解析：表单的快捷菜单是在表单上右击鼠标时出现的菜单，所以调用快捷菜单的命令应该放在表单的 RightClick 事件中。

    答案：D

【例4】 扩展名为.mnx 的文件是_____。（2005 年 9 月）

    A．备注文件　　 B．项目文件　　　 C．表单文件　　　　 D．菜单文件

解析：备注文件的扩展名 ".DCT"、".FPT"，项目文件的扩展名为 ".PJX"，表单文件的扩展名为 ".SCX"。

答案：D

【例 5】 在 Visual FoxPro 中，可以用 DO 命令执行的文件不包括_____。（2006 年 4 月）

A．PRG 文件　　　　B．MPR 文件　　　　C．FRX 文件　　　　D．QPR 文件

解析：选项 A、B 和 D 均为程序文件，都可以用 DO 命令执行。其中，".QPR" 文件为生成的查询程序文件，而 ".FRX" 为生成的报表文件，用 Do report 命令执行。

答案：C

【例 6】 以下是与设置系统菜单有关的命令，其中错误的是_____。（2006 年 4 月）

A．SET SYSMENU DEFAULT　　　　B．SET SYSMENU TO DEFAULT

C．SET SYSMENU NOSAVE　　　　D．SET SYSMENU SAVE

解析：选项 A 为错误的命令语句，选项 B 用来将系统菜单恢复为缺省设置，选项 C 将缺省设置恢复为系统菜单的标准配置，选项 D 用来将当前的系统菜单保存为缺省设置。

答案：A

【例 7】 在 Visual FoxPro 中，要运行菜单文件 menul.mpr，可以使用命令_____。（2006 年 4 月）

A．DO menul　　　　　　　　　　B．DO menul.mpr

C．DO MENU menul　　　　　　　　D．RUN menul

解析：调用菜单程序的命令格式为：DO <菜单程序文件名.mpr>。

答案：B

【例 8】 在 Visual FoxPro 中，菜单程序文件的默认扩展名是_____。（2007 年 9 月）

A．.mnx　　　　B．.mnt　　　　C．.mpr　　　　D．.prg

解析：菜单程序文件的扩展名是 ".mpr"，菜单文件的扩展名是 ".mnx"，菜单备注文件的扩展名是 ".mnt"。

答案：C

8.2.2 填空题

【例 1】 弹出式菜单可以分组，插入分组线的方法是在 "菜单名称" 项中输入_____两个符号。（2003 年 9 月）

解析：要为菜单项分组，需在菜单设计器的 "菜单名称" 列中输入 "\-"。

答案：\-

【例 2】 为了从用户菜单返回到默认的系统菜单应该使用命令 SET_____TO DEFAULT。（2004 年 9 月）

解析：SET SYSMENU TO DEFAULT 将系统菜单恢复为缺省设置，通常用来关闭用户菜单返回到默认的系统菜单。

答案：SYSMENU

【例 3】 要将一个弹出式菜单作为某个控件的快捷菜单，通常是在该控件的_____事件代码中添加调用弹出式菜单程序的命令。（2006 年 4 月）

解析： 快捷菜单是当用鼠标右键点击时出现的菜单，所以调用菜单的命令要放在控件的右击事件（RightClick）中。

答案： RightClick

【例 4】 在 Visual FoxPro 中，假设当前文件夹中有菜单程序文件 MYMENU.MPR，运行该菜单程序的命令是_____。（2008 年 4 月）

解析： 调用菜单程序的命令：DO <菜单程序文件名.mpr>。注意：文件的扩展名不能省略。

答案： DO MYMENU.MPR

【例 5】 菜单文件的扩展名是_____。

解析： 菜单定义文件为.mnx，菜单程序文件为.mpr，其中可执行的菜单程序文件是.mpr。

答案： .mnx

【例 6】 菜单程序文件的扩展名是_____。

解析： 见例 5。

答案： .mpr

【例 7】 在关闭"菜单设计器"之前，选择"菜单"菜单中的_____命令，会生成菜单程序文件 MPR。

解析： 生成菜单程序文件的方法是：在关闭"菜单设计器"之前，选择"菜单"菜单中的"生成"命令，在"生成菜单"对话框中指定菜单程序文件的名称和存放的路径，最后单击"生成"按钮。

答案： 生成

【例 8】 为菜单项设置快捷键的方法是：在菜单设计器中单击菜单项右侧的_____按钮。

解析： 每个菜单项的"选项"列都有一个无符号按钮，单击该按钮就会出现"提示选项"对话框，在对话框中可以指定菜单项的快捷键。如果要为菜单项设置"热键"，可直接在菜单标题栏输入"\<"加字母即可。

答案： 选项

8.3　测　试　题

8.3.1　选择题

1．假设建立了一个菜单 menul，为了执行菜单应该使用命令_____。

A．DO MENU　　　　　　　　　　　B．RUN MENU menul

C．DO menul　　　　　　　　　　　D．DO menul.mpr

2．在 Visual FoxPro 打开菜单设计器窗口后，增加的系统菜单项是_____。

A．预览　　　　　B．数据库　　　　　C．菜单　　　　　　　D．显示

3．菜单设计器设计好的菜单保存后，其生成的文件扩展名为_____。

A．.scx 和.sct　　　B．.mnx 和.mnt　　　C．.frx 和.frt　　　D．.pjx 和.pjt

4. 要打开菜单设计器，使用的命令为_____。

A. CREATE FORM　　　　　　　　B. MODIFY FORM

C. CREATE MENU　　　　　　　　D. MODIFY MENU

5. 使用菜单设计器时，选中菜单项之后，如果要设计它的子菜单，应在"结果"中选择_____。

　A. 命令　　　　　B. 子菜单　　　　　C. 填充名称　　　　D. 过程

6. 如果想查看菜单程序文件 mymenu.mpr 的代码内容，在命令窗口中要输入_____。

A. MODIFY COMMAND < mymenu>

B. MODIFY MENU < mymenu >

C. MODIFY COMMAND < mymenu.mpr>

D. MODIFY MENU < mymenu.mpr>

7. 使用菜单设计器时，若菜单项对应的任务由多条命令才能完成，应在"结果"中选择_____。

　A. 命令　　　　　B. 子菜单　　　　　C. 填充名称　　　　D. 过程

8.3.2　填空题

1. Visual FoxPro 有两种菜单：下拉式菜单和快捷菜单。下拉式菜单通常由一个_____菜单和一组弹出式菜单组成。

2. 恢复 Visual FoxPro 系统菜单的命令是_____。

3. 菜单项的快捷键通常用_____键与一个字母键相组合，菜单项的热键通常是一个带下划线的字母。

4. 要将创建好的快捷菜单添加到控件上，必须在该控件的_____事件中添加执行菜单文件的代码。

5. 要为顶层表单添加菜单，首先需要在菜单设计时，在"常规选项"对话框中选择_____复选框。

6. 使表单成为顶层表单，需要在表单的_____事件代码中添加调用菜单程序的命令。

7. 释放快捷菜单的命令是

　　　　_____ POPUPS <快捷菜单名> {EXTENDED}

8.4　测试题答案

选择题

　1. D　　2. C　　3. B　　4. D　　5. B　　6. C　　7. D

填空题

　1. 条形　　　　　　　　2. SET SYSMENU TO DEFAULT
　3. Ctrl　　　　　　　　4. RightClick
　5. 顶层表单　　　　　　6. Init 或 Load
　7. RELEASE

第9章 创建报表与标签

9.1 知 识 要 点

（1）报表的数据源及常用布局。
（2）应用报表向导、快速报表、表设计器创建简单报表。
（3）应用"报表控件"工具栏、"布局"工具栏、"调色板"工具栏修改报表。
（4）多栏报表的创建。
（5）报表的输出。

9.2 典型试题与解析

9.2.1 选择题

【例1】 使用报表向导定义报表时，定义报表布局的选项是_____。（2002年9月）

A. 列数、方向、字段布局　　　　　　　B. 列数、行数、字段布局

C. 行数、方向、字段布局　　　　　　　D. 行数、列数、方向

解析：在 Visual FoxPro 中，使用报表向导共有六个步骤，其中第四步中需要用户来定义报表的布局，具体的选项为列数、方向、字段布局。

答案：A

【例2】 Visual FoxPro 的报表文件.FRX 中保存的是_____。（2003年9月）

A. 打印报表的预览格式　　　　　　　B. 已经生成的完整报表

C. 报表的格式和数据　　　　　　　　D. 报表设计格式的定义

解析：扩展名.FRM 表示报表文件，扩展名.FRX 表示报表设计格式的文件。

答案：D

【例3】 在 Visual FoxPro 中，报表的数据源不包括_____。（2009年3月）

A. 视图　　　　　B. 自由表　　　　　C. 查询　　　　　D. 文本文件

解析：报表的数据源通常是数据库表、自由表、视图、查询或临时表。

答案：D

【例4】 报表的数据源可以是_____。（2005年9月）

A. 表或视图　　　　　　　　　　　　B. 表或查询

C. 表、查询或视图　　　　　　　　　D. 表或其他报表

解析：报表的数据源通常是数据库表、自由表、视图、查询或临时表。

答案：C

【例5】　为了在报表中打印当前时间，应插入一个_____。（2004 年 4 月）

A．表达式控件　　B．域控件　　　　　C．标签控件　　　　　D．文本控件

解析：域控件用于打印表或视图中的字段、变量和表达式的计算结果。

答案：B

【例6】　在 Visual FoxPro 中，在屏幕上预览报表的命令是_____。（2007 年 4 月）

A．PREVIEW REPORT　　　　　　　　B．REPORT FORM … PREVIEW

C．DO REPORT … PREVIEW　　　　　　D．RUN REPORT … PREVIEW

解析：预览报表的命令格式是 REPORT FORM <文件名> PREVIEW。

答案：B

9.2.2　填空题

【例1】　为了在报表中插入一个文字说明，应该插入一个_____控件。（2006 年 9 月）

解析：标签是用于对静态文字输入并排版的控件。

答案：标签

【例2】　为修改已建立的报表文件打开报表设计器的命令是_____。（2007 年 4 月）

解析：CREATE REPORT <文件名>表示创建新的报表，MODIFY REPORT <文件名>表示打开一个已有的报表。

答案：MODIFY REPORT

【例3】　预览报表 myreport 的命令是 REPORT FORM myreport_____。（2010 年 9 月）

解析：预览报表的命令格式是 REPORT FORM <文件名> PREVIEW。

答案：PREVIEW

9.3　测　试　题

9.3.1　选择题

1．报表主要包括的两部分是_____。

A．数据源和布局　　　　　　　　　　B．数据源和格式

C．表和布局　　　　　　　　　　　　D．表和格式

2．对报表进行分组时，报表会自动包含的带区是_____。

A．组标头和页注脚　　　　　　　　　B．组标头和组注脚

C．页标头和页注脚　　　　　　　　　D．页标头和组注脚

3．在报表设计器中，可以使用的控件是_____。

A．标签、域控件和线条　　　　　　　B．标签、域控件和列表框

C．标签、文本框和列表框　　　　　　D．布局和数据源

4．运行报表文件 R1.FRX，正确的命令格式是_____。

A．DO FORM R1　　　　　　　　　　B．REPORT FORM R1

C．DO R1.FRX　　　　　　　　　　　D．REPORT R1

5．在创建快速报表时，基本带区包括_____。

A．标题、细节和总结　　　　　　　　B．页标头、细节和页注脚

C．组标头、细节和组注脚　　　　　　D．报表标题、细节和页注脚

6．如果要创建一个数据三级分组报表，第一个分组表达式是"部门"，第二个分组表达式是"性别"，第三个分组表达式是"基本工资"，当前索引的索引表达式应当是_____。

A．部门+性别+基本工资　　　　　　　B．部门+性别+STR(基本工资)

C．STR(基本工资)+性别+部门　　　　D．性别+部门+STR(基本工资)

7．在 Visual FoxPro 报表设计器中，在报表布局中不能插入的报表控件是_____。

A．域控件　　　　　　　　　　　　　B．线条

C．文本框　　　　　　　　　　　　　D．图片/OLE 绑定控件

8．在 Visual FoxPro 报表设计器中，为报表添加标题的正确操作是_____。

A．在页标头带区加标签控件　　　　　B．在细节带区中加标签控件

C．在组标头带区加标签控件　　　　　D．从菜单选择"标题/总结"命令

9．在报表设计中，关于报表标题下列叙述中正确的是_____。

A．每页打印一次　　　　　　　　　　B．每报表打印一次

C．每组打印一次　　　　　　　　　　D．每列打印一次

10．建立报表并打开报表设计器的命令是_____。

A．CREATE REPORT　　　　　　　　B．NEW REPORT

C．REPORT FROM　　　　　　　　　D．START REPORT

11．在"报表设计器"中，域控件用来表示_____。

A．数据源的字段　　　　　　　　　　B．变量

C．计算结果　　　　　　　　　　　　D．以上答案都对

12．报表分组的依据是_____。

A．分组表达式　　　　　　　　　　　B．排序

C．查询　　　　　　　　　　　　　　D．以上都不是

13．报表的列注脚是为了表示_____。

A．总结或统计　　　　　　　　　　　B．每页设计

C．总结　　　　　　　　　　　　　　D．分组数据的计算结果

14．在"报表设计器"中，任何时候都可以使用"预览"功能查看报表的打印效果，以下四种操作中不能实现预览功能的是_____。

A．直接单击"常用"工具栏的"打印预览"按钮

B．在"报表设计器"中右击鼠标，在快捷菜单中选择"预览"选项

C．打开"显示"菜单，选择"预览"命令

D．打开"报表"菜单，选择"运行报表"命令

15．"快速报表"对话框中的"字段"按钮，其作用是_____。

A．设置字段方向　　　　　　　　　　B．选取要打印的字段

C．设置字段布局　　　　　　　　　　D．选取要打印的数据表

9.3.2 填空题

1．调用报表文件，打印和预览报表的命令是_____。

2．设计报表通常包括两部分内容：_____和布局。

3．"图片/ActiveX 绑定控件"按钮用于显示图片或_____型字段的内容。

4．如果已对报表进行了数据分组，报表会自动包含_____带区和组注脚带区。

5．多栏报表的栏目数可以通过_____来设置。

6．通常可以使用"报表向导"或"快速报表"生成一个简单报表，然后在_____中修改。

7．在报表中建立的用来显示字段、内存变量或其他表达式内容的控件是_____。

8．设计报表时用来管理数据源的环境称为报表的_____。

9．设计多栏报表后，使页面上能真正打印出多个栏目，需要在"页面设置"对话框中将打印顺序设置为_____。

10．设计多栏报表后，当确定了分栏"列数"后，在报表设计器中将添加列标头和_____带区。

11．报表保存在报表文件中，扩展名为_____。

12．在使用报表向导创建报表时，如果数据源包括父表和子表，应该选取_____报表向导。

9.4 测试题答案

选择题

1．A 2．B 3．A 4．B 5．B 6．B 7．C 8．D 9．B 10．A
11．D 12．A 13．C 14．D 15．B

填空题

1．REPORT FORM   2．数据源
3．通用   4．组标头
5．页面设置   6．报表设计器
7．域控件   8．数据环境
9．自左至右   10．列注脚
11．FRX   12．一对多

第 10 章　综合应用程序开发

10.1　知 识 要 点

（1）项目管理器的使用。
（2）连编应用程序。

10.2　典型试题与解析

10.2.1　选择题

【例 1】　在"项目管理器"下为项目建立一个新报表，应该使用的选项卡是＿＿＿。
（2006 年 4 月）

　　A．数据　　　　　　B．文档　　　　　　C．类　　　　　　D．代码

　　解析：Visual FoxPro 的项目管理器中，"文档"选项卡管理表单、报表和标签等。

　　答案：B

【例2】　如果添加到项目中的文件标识为"排除"，表示＿＿＿。（2005 年 9 月）

　　A．此类文件不是应用程序的一部分

　　B．生成应用程序时不包括此类文件

　　C．生成应用程序时包括此类文件，用户可以修改

　　D．生成应用程序时包括此类文件，用户不能修改

　　解析：项目中只有设置为"包含"的文件在编译时，才被组合进应用程序文件中，设置为"排除"文件不能参与组合，这些设置为"排除"的文件在编译后还作为独立的文件存在。

　　答案：A

【例3】　"项目管理器"的"运行"按钮用于执行选定的文件，这些文件可以是＿＿＿。
（2005 年 9 月）

　　A．查询、视图或表单　　　　　　　　B．表单、报表和标签

　　C．查询、表单或程序　　　　　　　　D．以上文件都可以

　　解析："项目管理器"中的"运行"按钮可以运行查询、表单、程序或菜单文件。

　　答案：C

【例4】　扩展名为.pjx 的文件是＿＿＿。（2006 年 9 月）

　　A．数据库表文件　　　　　　　　　　B．表单文件

　　C．数据库文件　　　　　　　　　　　D．项目文件

解析：.pjx 是项目文件的扩展名。数据库表文件的扩展名是.dbf，表单文件的扩展名是.scx，数据库文件的扩展名是.dbc。

答案：D

【例5】 向一个项目中添加一个数据库，应该使用项目管理器的_____。（2008 年 4 月）

A．"代码"选项卡 　　　　　　B．"类"选项卡

C．"文档"选项卡 　　　　　　D．"数据"选项卡

答案：D

解析："代码"选项卡包括对程序、API 库和应用程序的操作；"文档"选项卡包括对报表、表单和标签的操作，"数据"选项卡包含对数据库、表和查询的操作；"类"选项卡没有内容。

【例6】 关于主文件的错误的叙述是_____。

A．应用程序的入口

B．最先运行的文件

C．项目中只能有一个文件设置为主文件

D．设置某文件为主文件之前，须先将该文件设置为"排除"

解析：在项目的多个文件中，必须选择一个文件作为主文件作为整个应用程序的入口点，其任务包括初始化工作、控制事件循环和调用其他子模块等。为了将项目管理器中某文件设置为主文件，首先需要将该文件设置为"包含"。

答案：D

10.2.2 填空题

【例1】 项目文件的扩展名是_____。（2004 年 9 月）

解析：项目文件的扩展名是.PJX。

答案：.PJX

【例 2】 项目管理器的_____选项卡用于显示和管理数据库、自由表和查询等。（2003 年 9 月）

解析：在 Visual FoxPro 项目管理器中，"数据"选项卡管理用户建立的数据库、自由表、查询和视图等。

答案：数据

【例3】 根据项目文件 mysub 连编生成 APP 应用程序的命令是 BUILD APP mycom_____mysub。（2003 年 9 月）

解析："BUILD EXE <可执行文件名> FROM <项目名>"命令生成可执行文件；"BUILD APP<应用程序文件名> FROM <项目名>" 命令生成应用程序文件。

答案：FROM

【例4】 可以在项目管理器的_____选项卡下建立命令文件（程序）。（2006 年 9 月）

解析：在 Visual FoxPro 项目管理器中，"代码"选项卡管理程序文件、API 库和应用文件。

答案：代码

【例 5】 连编应用程序时，如果选择连编生成可执行程序，则生成的文件的扩展名是_____。（2007 年 4 月）

解析：连编应用程序时，连编结果有两种文件格式：应用程序文件（.app）和可执行文件（.exe）。

答案：.EXE

【例 6】 项目管理器的数据选项卡用于显示和管理数据库、查询、视图和_____。（2009 年 9 月）

解析：项目管理器的数据选项卡包含了一个项目中的所有数据：数据库、自由表、查询和视图。

答案：自由表

【例 7】 将一个项目编译成一个应用程序时，如果应用程序中包含需要用户修改的文件，必须将该文件标为_____。（2008 年 9 月）

解析：在项目连编成应用程序的过程中，如果某个文件标为"包含"，那么连编成为 EXE 后，再修改这个文件，运行程序时将会无效，必须重新连编；如果连编前把这个文件标为"排除"，那么修改这个文件后，不需要再次连编，运行程序时会正常实现所需要的功能。

答案：排除

10.3 测 试 题

10.3.1 选择题

1. 在"项目管理器"的_____下，可以创建菜单文件或文本文件。
A."数据"选项卡   B."文档"选项卡
C."代码"选项卡   D."其他"选项卡

2. 在"项目管理器"的_____下，可以创建表单文件。
A."数据"选项卡   B."文档"选项卡
C."代码"选项卡   D."其他"选项卡

3. 在"项目管理器"中，右击某文件后，在右侧单击"移去"按钮，在弹出的对话框中选择"删除"后会产生_____的结果。
A. 该文件被移出项目，文件还存在
B. 该文件被移出项目，同时从磁盘中彻底删除掉
C. 该文件被设置为"排除"文件
D. 该文件不发生任何变化

4."项目管理器"的"文档"选项卡用于显示和管理_____。
A. 表单、报表和查询   B. 数据库、表单和报表
C. 表单、报表和标签   D. 查询、报表和视图

5. 命令"BUILD APP <应用程序文件名> FROM <项目名>"，生成的应用程序文件

扩展名为_____。

A．.APP   B．.EXE   C．.TXT   D．.PRG

6．"项目管理器"的"数据"选项卡用于显示和管理_____。

A．表单、报表和查询   B．数据库、表单和报表

C．数据库、表和查询   D．查询、报表和视图

7．要将某文件作为编译后生成的应用程序一部分，需要在"项目管理器"中将该文件设置为_____。

A．排除   B．包含   C．主文件   D．索引文件

10.3.2　填空题

1．在项目管理器_____选项卡下，可以创建查询文件。

2．在项目管理器_____选项卡下，可以创建程序文件。

3．在项目管理器_____选项卡下，可以创建报表文件。

4．在项目管理器中，通过连编应用程序生成的应用程序文件扩展名为_____。

5．命令"_____ EXE <应用程序文件名> FROM <项目名>"可以生成可执行文件。

6．项目管理器的"移去"按钮有两个功能，一是把文件从项目中移去，二是不仅把文件从项目中移去，并且还将文件从磁盘中_____。

7．在 Visual FoxPro 中，BUILD_____命令连编生成的程序可以脱离开 Visual FoxPro 在 Windows 环境下运行。

10.4　测试题答案

选择题

1．D   2．B   3．B   4．C   5．A   6．C   7．B

填空题

1．数据   2．代码

3．文档   4．APP

5．BUILD   6．删除

7．EXE

附录 2014年3月全国计算机等级考试二级Visual FoxPro机考试题及参考答案

2014 年 3 月全国计算机等级考试二级 Visual FoxPro 机考试题

（考试时间 130 分钟，满分 100 分）

一、选择题（每小题 1 分，共 40 分）

1. 一个栈的初始状态为空。现将元素 1、2、3、4、5、A、B、C、D、E 依次入栈，然后再依次出栈，则出栈的顺序是（　　）。
   A. 12345ABCDE
   B. EDCBA54321
   C. ABCDE12345
   D. 54321EDCBA

2. 下列叙述中，正确的是（　　）。
   A. 循环队列有队头和队尾两个指针，因此，循环队列是非线性结构
   B. 在循环队列中，只需要队头指针就能反映队列中元素的动态变化情况
   C. 在循环队列中，只需要队尾指针就能反映队列中元素的动态变化情况
   D. 循环队列中元素的个数是由队头指针和队尾指针共同决定

3. 下列叙述中，正确的是（　　）。
   A. 栈是"先进先出"的线性表
   B. 队列是"先进后出"的线性表
   C. 循环队列是非线性结构
   D. 有序线性表既可以采用顺序存储结构，也可以采用链式存储结构

4. 下列叙述中，正确的是（　　）。
   A. 顺序存储结构的存储一定是连续的，链式存储结构的存储空间不一定是连续的
   B. 顺序存储结构只针对线性结构，链式存储结构只针对非线性结构
   C. 顺序存储结构能存储有序表，链式存储结构不能存储有序表
   D. 链式存储结构比顺序存储结构节省存储空间

5. 数据流图中带有箭头的线段表示的是（　　）。
   A. 控制流
   B. 事件驱动
   C. 模块调用
   D. 数据流

6. 在软件开发中，需求分析阶段可以使用的工具是（　　）。
   A. N-S 图
   B. DFD 图

C．PAD 图　　　　　　　　　　D．程序流程图

7．在面向对象方法中，不属于"对象"基本特点的是（　　　）。

A．一致性　　　　　　　　　　B．分类性

C．多态性　　　　　　　　　　D．标识唯一性

8．一间宿舍可住多个学生，则实体宿舍和学生之间的联系是（　　　）。

A．一对一　　　　　　　　　　B．一对多

C．多对一　　　　　　　　　　D．多对多

9．在数据管理技术发展的三个阶段中，数据共享最好的是（　　　）。

A．人工管理阶段　　　　　　　B．文件系统阶段

C．数据库系统阶段　　　　　　D．三个阶段相同

10．有三个关系 R、S 和 T 如下：由关系 R 和 S 通过运算得到关系 T，则所使用的运算为（　　　）。

A．笛卡尔积　　　　　　　　　B．交

C．并　　　　　　　　　　　　D．自然连接

11．以下关于"视图"的正确描述是（　　　）。

A．视图独立于表文件　　　　　B．视图不可进行更新操作

C．视图只能从一个表派生出来　D．视图可以进行删除操作

12．设置文本框显示内容的属性是（　　　）。

A．Value　　　　　　　　　　B．Caption

C．Name　　　　　　　　　　D．InputMask

13．在 Visual FoxPro 中可以建立表的命令是（　　　）。

A．CREATE　　　　　　　　　B．CREATE DATABASE

C．CREATE QUERY　　　　　　D．CREATE FORM

14．为了隐藏在文本框中输入的信息，用占位符代替显示用户输入的字符，需要设置的属性是（　　　）。

A．Value　　　　　　　　　　B．ControlSource

C．InputMask　　　　　　　　D．PasswordChar

15．假设某表单的 Visible 属性的初值为.F.，能将其设置为.T.的方法是（　　　）。

A．Hide　　　　　　　　　　　B．Show

C．Release　　　　　　　　　　D．SetFocus

16．让隐藏的 MeForm 表单显示在屏幕上的命令是（　　　）。

A．MeForm.Display　　　　　　B．MeForm.Show

C．MeForm.List　　　　　　　D．MeForm.See

17．在数据库表设计器的"字段"选项卡中，字段有效性的设置项中不包括（　　　）。

A．规则　　　　　　　　　　　B．信息

C．默认值　　　　　　　　　　D．标题

18．报表的数据源不包括（　　　）。

A．视图　　　　　　　　　　　B．自由表

C．数据库表　　　　　　　　　D．文本文件

19. 在 Visual FoxPro 中，编译或连编生成的程序文件的扩展名不包括（　　）。

A. APP
B. EXE
C. DBC
D. FXP

20. 在 Visual FoxPro 中，"表"是指（　　）。

A. 报表
B. 关系
C. 表格控件
D. 表单

21. 如果有定义 LOCAL data，data 的初值是（　　）。

A. 整数 0
B. 不定值
C. 逻辑真
D. 逻辑假

22. 执行如下命令序列后，最后一条命令的显示结果是（　　）。

```
DIMENSION M(2,2)
M(1,1)=10
M(1,2)=20
M(2,1)=30
M(2,2)=40
? M(2)
```

A. 变量未定义的提示
B. 10
C. 20
D. .F.

23. 如果在命令窗口执行命令：LIST 名称，主窗口中显示：

记录号　　　　　名称
1　　　　　　　　电视机
2　　　　　　　　计算机
3　　　　　　　　电话线
4　　　　　　　　电冰箱
5　　　　　　　　电线

假定名称字段为字符型、宽度为 6，那么下面程序段的输出结果是（　　）。

```
GO 2
SCAN NEXT 4 FOR LEFT(名称,2)="电"
    IF RIGHT(名称,2)="线"
    EXIT
    ENDIF
ENDSCAN
名称
```

A. 电话线
B. 电线
C. 电冰箱
D. 电视机

24. 在 Visual FoxPro 中，要运行菜单文件 menul.mpr，可以使用命令（　　）。

A. DO menul
B. DO menul.mpr
C. DO MENU menul
D. RUN menul

25. 有如下赋值语句，结果为"大家好"的表达式是（　　）。

a="你好"

b="大家"

A．b+AT(a，1)　　　　　　　　B．b+RIGHT(a，1)

C．b+LEFT(a，3，4)　　　　　　D．b+RIGHT(a，2)

26. 在下面的 Visual FoxPro 表达式中，运算结果为逻辑真的是（　　）。

A．EMPTY(.NULL.)　　　　　　　B．LIKE('xy？'，'xyz')

C．AT('xy'，'abcxyz')　　　　　D．ISNULL(SPACE(0))

27. 假设职员表已在当前工作区打开，其当前记录的"姓名"字段值为"李彤"（C型字段）。在命令窗口输入并执行如下命令：

　　　　姓名＝姓名－"出勤"

　　？ 姓名

屏幕上会显示（　　）。

A．李彤　　　　　B．李彤　出勤　　　　C．李彤出勤　　　　D．李彤－出勤

28. 设有学生表 S(学号，姓名，性别，年龄)，查询所有年龄小于等于 18 岁的女同学、并按年龄进行降序排序生成新的表 WS，正确的 SQL 命令是（　　）。

A．SELECT * FROM S WHERE 性别＝ '女' AND 年龄<= 18 ORDER BY 4 DESC INTO TABLE WS

B．SELECT * FROM S WHERE 性别＝ '女' AND 年龄<= 18 ORDER BY 年龄 INTO TABLE WS

C．SELECT * FROM S WHERE 性别＝ '女' AND 年龄<= 18 ORDER BY '年龄' DESC INTO TABLE WS

D．SELECT * FROM S WHERE 性别＝ '女' OR 年龄<= 18 ORDER BY '年龄' ASC INTO TABLE WS

29. 设有学生选课表 SC(学号，课程号，成绩)，用 SQL 命令检索同时选修了课程号为"C1"和"C5"课程的学生的学号的正确命令是（　　）。

A．SELECT 学号 FROM SC WHERE 课程号＝ 'C1' AND 课程号＝ 'C5'

B．SELE 学号 FROM SC WHER 课程号＝'C1' AND 课程号＝(SELE 课程号 FROM SC WHERE 课程号＝ 'C5')

C．SELECT 学号 FROM SC WHERE 课程号＝'C1' AND 学号＝(SELECT 学号 FROM SC WHERE 课程号＝ 'C5')

D．SELE 学号 FROM SC WHERE 课程号＝'C1' AND 学号 IN (SELECT 学号 FROM SC WHERE 课程号＝ 'C5')

30. 设有学生表 S(学号，姓名，性别，年龄)、课程表 C(课程号，课程名，学分)和学生选课表 SC(学号，课程号，成绩)，检索学号、姓名和学生所选课程的课程名和成绩，正确的 SQL 命令是（　　）。

A．SELECT 学号，姓名，课程名，成绩 FROM S，SC，C WIIERE S.学号 ＝ SC.学号 AND SC.学号＝ C.学号

  B．SELECT 学号，姓名，课程名，成绩 FROM （S JOIN SC ON S.学号＝ SC.学号)JOIN C ON SC.课程号 ＝ C.课程号

  C．SELECT S.学号，姓名，课程名，成绩 FROM S JOIN SC JOIN C ON S.学号＝ SC.学号 ON SC.课程号 ＝ C.课程号

  D．SELE S.学号，课程名，成绩 FROM S JOIN SC JOIN C ON SC.课程号 ＝ C.课程号 ON S.学号＝ SC.学号

31．查询所有 1982 年 3 月 20 日以后(含)出生、性别为男的学生，正确的 SQL 语句是（　　）。

  A．SELECT * FROM 学生 WHERE 出生日期>= {^1982-03-20} AND 性别="男"

  B．SELECT * FROM 学生 WHERE 出生日期<= {^1982-03-20} AND 性别="男"

  C．SELECT * FROM 学生 WHERE 出生日期>= {^1982-03-20} OR 性别="男"

  D．SELECT * FROM 学生 WHERE 出生日期<= {^1982-03-20} OR 性别="男"

32．设有学生(学号，姓名，性别，出生日期)和选课(学号，课程号，成绩)两个关系，计算刘明同学选修的所有课程的平均成绩，正确的 SQL 语句是（　　）。

  A．SELECT AVG(成绩)FROM 选课 WHERE 姓名="刘明"

  B．SELECT AVG(成绩)FROM 学生，选课 WHERE 姓名="刘明"

  C．SELECT AVG(成绩)FROM 学生，选课 WHERE 学生.姓名="刘明"

  D．SELECT AVG(成绩)FROM 学生，选课 WHERE 学生.学号＝选课.学号 AND 姓名="刘明"

33．设有学生(学号，姓名，性别，出生日期)和选课(学号，课程号，成绩)两个关系，并假定学号的第 3、4 位为专业代码。要计算各专业学生选修课程号为"101"课程的平均成绩，正确的 SQL 语句是（　　）。

  A．SELE 专业 AS SUBS(学号，3,2)，平均分 AS AVG (成绩)FROM 选课 WHERE 课程号="101" GROUP BY 专业

  B．SELECT SUBS(学号，3,2)AS 专业， AVG(成绩)AS 平均分 FROM 选课 WHERE 课程号="101" GROUP BY 1

  C．SELE SUBS(学号，3,2)AS 专业， AVG(成绩)AS 平均分 FROM 选课 WHERE 课程号="101" ORDER BY 专业

  D．SELECT 专业 AS SUBS(学号，3,2)，平均分 AS AVG (成绩)FROM 选课 WHERE 课程号="101" ORDER BY 1

34．设有学生(学号，姓名，性别，出生日期)和选课(学号，课程号，成绩)两个关系，查询选修课程号为"101"课程得分最高的同学，正确的 SQL 语句是（　　）。

  A．SELECT 学生.学号，姓名 FROM 学生，选课 WHERE 学生.学号＝选课.学号 AND 课程号="101" AND 成绩>=ALL(SELECT 成绩 FROM 选课)

  B．SELECT 学生.学号，姓名 FROM 学生，选课 WHERE 学生.学号＝选课.学号 AND 成绩>=ALL (SELECT 成绩 FROM 选课 WHERE 课程号="101")

  C．SELECT 学生.学号，姓名 FROM 学生，选课 WHERE 学生.学号＝选课.学号 AND 成绩>=ANY(SELECT 成绩 FROM 选课 WHERE 课程号="101")

  D．SELECT 学生.学号，姓名 FROM 学生，选课 WHERE 学生.学号＝选课.学号

AND 课程号＝"101" AND 成绩>＝ALL (SELECT 成绩 FROM 选课 WHERE 课程号＝"101")

35. 设有选课(学号，课程号，成绩)关系，插入一条记录到"选课"表中，学号、课程号和成绩分别是"02080111"、"103"和"80"，正确的 SQL 语句是（　　）。

A．INSERT INTO 选课 VALUES("02080111"，"103",80)

B．INSERT VALUES("02080111"，"103",80)TO 选课(学号，课程号，成绩)

C．INSERT VALUES("02080111"，"103",80)INTO 选课(学号，课程号，成绩)

D．INSERT INTO 选课(学号，课程号，成绩)FROM VALUES("02080111"，"103",80)

36. 将学号为"02080110"、课程号为"102"的选课记录的成绩改为 92，正确的 SQL 语句是（　　）。

A．UPDATE 选课 SET 成绩 WITH 92 WHERE 学号＝"02080110" AND 课程号＝"102"

B．UPDATE 选课 SET 成绩＝92 WHERE 学号＝"02080110" AND 课程号＝"102"

C．UPDATE FROM 选课 SET 成绩 WITH 92 WHERE 学号＝"02080110" AND 课程号＝"102"

D．UPDATE FROM 选课 SET 成绩＝92 WHERE 学号＝"02080110" AND 课程号＝"102"

37. 在 SQL 的 ALTER TABLE 语句中，为了增加一个新的字段应该使用短语（　　）。

A．CREATE　　　　B．APPEND　　　　C．COLUMN　　　　D．ADD

38. 以下所列各项属于命令按钮事件的是（　　）。

A．Parent　　　　B．This　　　　C．ThisForm　　　　D．Click

39. 假设表单上有一选项组：⊙男〇女，其中第一个选项按钮"男"被选中。请问该选项组的 Value 属性值为（　　）。

A．.T.　　　　B．"男"　　　　C．1　　　　D．"男"或1

40. 假定一个表单里有一个文本框 Text1 和一个命令按钮组 CommandGroup1。命令按钮组是一个容器对象，其中包含 Command1 和 Command2 两个命令按钮。如果要在 Command1 命令按钮的某个方法中访问文本框的 Value 属性值，正确的表达式是（　　）。

A．This.ThisForm.Text1．Value

B．This.Parent.Parent.Text1．Value

C．Parent.Parent.Text1．Value

D．This.Parent.Text1．Value

二、基本操作（18 分）

| 考生文件夹 C:\WEXAM\27000001 | 选择题 | 基本操作题 | 简单应用题 | 综合应用题 |

1. 在考生文件夹下新建一个名为"库存管理"的项目文件。
2. 在新建的项目中建立一个名为"使用零件情况"的数据库，并将考生文件夹下的所有自由表添加到该数据库中。
3. 修改"零件信息"表的结构，为其增加一个字段，字段名为"规格"，类型为字符型，长度为8。
4. 打开并修改mymenu菜单文件，为菜单项"查找"设置快捷键Ctrl＋T。

三、简单应用（24 分）

考生文件夹				
C:\WEXAM\27000001	选择题	基本操作题	简单应用题	综合应用题

在考生文件夹下完成如下简单应用。

1. 用SQL语句完成下列操作：查询项目的项目号、项目名和项目使用的零件号、零件名称，查询结果按项目号降序、零件号升序排序，并存放于表item_temp中，同时将使用的SQL语句存储到新建的文本文件item.txt中。

2. 根据零件信息、使用零件和项目信息3个表，利用视图设计器建立一个视图view_item，该视图的属性列由项目号、项目名、零件名称、单价和数量组成，记录按项目号升序排序，筛选条件是：项目号为"s2"。

四、综合应用（18 分）

考生文件夹				
C:\WEXAM\27000001	选择题	基本操作题	简单应用题	综合应用题

设计一个表单名和文件名均为form_item的表单，其中，所有控件的属性必须在表单设计器的属性窗口中设置。表单的标题设为"使用零件情况统计"。表单中有一个组合框(Combo1)、一个文本框(Text1)和两个命令按钮"统计"(Command1)和"退出"(Command2)。

运行表单时，组合框中有3个条目"s1"、"s2"和"s3"(只有3个，不能输入新的，RowSourceType的属性为"数组"，Style的属性为"下拉列表框")可供选择，单击"统计"命令按钮后，则文本框显示出该项目所使用零件的金额合计(某种零件的金额＝单价*数量)。

单击"退出"按钮关闭表单。

注意：完成表单设计后要运行表单的所有功能。

2014 年 3 月全国计算机等级考试二级 Visual FoxPro 机考试题参考答案

一、选择题

1. B   2. D   3. D   4. A   5. D   6. B   7. A   8. B   9. C   10. D
11. D   12. A   13. A   14. D   15. B   16. B   17. D   18. D   19. C   20. B
21. D   22. C   23. A   24. B   25. D   26. B   27. A   28. A   29. D   30. D
31. A   32. D   33. A   34. D   35. A   36. B   37. D   38. D   39. D   40. B

二、基本操作

第 1 题

在命令窗口输入"Create Project 库存管理"(也可写作"Crea Proj 库存管理")，并按回车键以新建一个项目。

第 2 题

步骤 1：在项目管理器中选择"数据"节点下的"数据库"选项，单击"新建"按钮，在"新建数据库"对话框中单击"新建数据库",再在"创建"对话框中输入数据库名"使用零件情况",并单击"保存"按钮。

步骤 2:在数据库设计器空白处右击,在弹出的快捷菜单中选择"添加表"命令,在"打开"对话框中分别将考生文件下的表零件信息、使用零件和项目信息添加到数据库中。

第 3 题

在数据库设计器中右击表"零件信息",在弹出的快捷菜单中选择"修改"命令,在表设计器的"字段"选项卡中,在"字段名"中输入"规格","类型"选择"字符型","宽度"为"8",单击"确定"按钮。

第 4 题

步骤 1:单击工具栏中的"打开"按钮,在"打开"对话框中双击考生文件夹下的 mymenu.mnx 文件。

步骤 2:在弹出的菜单设计器中,单击"文件"行中的"编辑"按钮,再单击"查找"行中的"选项"按钮,在弹出的"提示选项"对话框中的"键标签"处按下 CTRL+T,最后单击"确定"按钮。

步骤 3:单击工具栏中的"保存"按钮,再单击主菜单栏中"菜单"下的"生成"命令,在"生成菜单"对话框中单击"生成"按钮。

三、简单应用

第 1 题

步骤 1:单击工具栏中的"新建"按钮,在"新建"对话框中选择"文件类型"选项组中的"查询",并单击"新建文件"按钮。

步骤 2:在"添加表或视图"对话框中分别将表零件信息、使用零件和项目信息添加到查询设计器,并根据联接条件建立联接。

步骤 3:在查询设计器的"字段"选项卡中,分别将项目信息.项目号、项目信息.项目名、零件信息.零件号、零件信息.零件名称添加到"选定字段"列表中。

步骤 4:在"排序依据"选项卡中,将项目信息.项目号添加到"排序条件"列表中,并选择"降序"单选按钮;再将零件信息.零件号添加到"排序条件"列表中,并选择"升序"单选按钮。

步骤 5:单击"查询"菜单下的"查询去向"命令,在"查询去向"对话框中选择"表",并输入表名"item_temp",单击"确定"按钮。

步骤 6:单击"查询"菜单下的"查看 SQL"命令,并复制全部代码;再单击工具栏中的"新建"按钮,在"新建"对话框中选择"文件类型"选项组下的"文本文件",单击"新建文件"按钮,将复制的代码粘贴到此处。

```
SELECT 项目信息.项目号, 项目信息.项目名, 零件信息.零件号, 零件信息.零件名称;
 FROM  使用零件情况!零件信息 INNER JOIN 使用零件情况!使用零件;
   INNER JOIN 使用零件情况!项目信息 ;
   ON  使用零件.项目号 = 项目信息.项目号 ;
   ON  零件信息.零件号 = 使用零件.零件号;
 ORDER BY 项目信息.项目号 DESC, 零件信息.零件号;
```

```
INTO TABLE item_temp.dbf
```

步骤 7：单击工具栏中的"保存"按钮，在"另存为"对话框中输入 item，单击"保存"按钮；再在命令窗口中输入：do item.txt，按回车键运行查询。

第 2 题

步骤 1：单击工具栏中的"打开"按钮，在"打开"对话框中选择考生文件夹下的"使用零件情况"数据库，再单击"确定"按钮。

步骤 2：在数据库设计器中，单击"数据库设计器"工具栏中的"新建本地视图"按钮，在"新建本地试图"对话框中单击"新建视图"按钮。

步骤 3：在"添加表或视图"对话框中分别双击表零件信息、使用零件和项目信息，并单击"关闭"按钮。

步骤 4：在视图设计器的"字段"选项卡中，分别将项目信息.项目号、项目信息.项目名、零件信息.零件名称、零件信息.单价和使用零件.数量添加到选定字段。

步骤 5：在"筛选"选项卡的"字段名"中选择"项目信息.项目号"，"条件"选择"="，"实例"输入"s2"；在"排序依据"选项卡中将项目信息.项目号字段添加到"排序条件"列表框，并选择"升序"单选按钮。

步骤 6：单击工具栏中的"保存"按钮，在"保存"对话框中输入视图名称 view_item，单击"确定"按钮。最后单击工具栏中的"运行"按钮。

四、综合应用

步骤 1：在命令窗口中输入 crea form form_item，然后按回车键，在表单设计器的"属性"对话框中设置表单的 Caption 属性为"使用零件情况统计"，Name 属性为"form_item"。

步骤 2：从"表单控件"工具栏向表单添加一个组合框、一个文本框和两个命令按钮，设置组合框的 RowSourceType 属性为"5-数组"、Style 属性为"2-下拉列表框"、RowSource 属性为"A"，设置命令按钮 Command1 的 Caption 属性为"统计"，设置命令按钮 Command2 的 Caption 为"退出"。

步骤 3：双击表单空白处，在表单的 Init 事件中输入如下代码：

```
Public a(3)
A(1) = "s1"
A(2) = "s2"
A(3) = "s3"
```

步骤 4：分别双击命令按钮"统计"和"退出"，为它们编写 Click 事件代码。其中，"统计"按钮的 Click 事件代码如下：

```
x=allt(thisform.combo1. value)
SELECT SUM(使用零件.数量*零件信息.单价) as je;
 FROM  使用零件情况!使用零件 INNER JOIN 使用零件情况!零件信息 ;
   ON  使用零件.零件号 = 零件信息.零件号;
 WHERE 使用零件.项目号 = x into array b
thisform.text1. value=allt(str(b[1]))
```

"退出"按钮的 Click 事件代码如下：

```
thisform.release
```

步骤5：单击工具栏中的"保存"按钮，再单击"运行"按钮运行表单，并依次选择下拉列表框中的项，运行表单的所有功能。

参 考 文 献

安晓飞，等.2010. Visual FoxPro 数据库设计与应用实训[M]. 北京：机械工业出版社.

教育部考试中心.2008. 全国计算机等级考试二级教程——Visual FoxPro 数据库程序设计[M]. 北京．高等教育出版社.

李平.2005. Visual FoxPro 数据库基础[M]. 北京：清华大学出版社.

刘丽.2007. Visual FoxPro 程序设计习题集及实验指导[M]. 北京：中国铁道出版社.

彭小宁，林华，等.2007. Visual FoxPro 程序设计实验教程[M]. 北京：中国铁道出版社.

王晓华，梁峰.2006. 名师讲堂——二级 Visual FoxPro[M]. 北京：人民邮电出版社.

王晓华，梁峰.2007. 名师讲堂——二级 Visual FoxPro[M]. 北京：人民邮电出版社.